物联网
RFID原理与技术
（第2版）

高建良　贺建飚　编著

电子工业出版社
Publishing House of Electronics Industry
北京·BEIJING

内 容 简 介

本书是依托中南大学国家级特色专业（物联网工程）的建设，结合国内物联网工程专业的教学情况编写的。本书从一个全新的体系介绍物联网 RFID 的原理与技术，全书分为三个部分共 12 章，涉及从射频识别的"射频"（包括传输线理论、谐振电路、天线基础）到射频识别的"识别"（包括 RFID 系统的读写器和电子标签，以及读写器与电子标签之间的通信技术：编码与调制技术、防碰撞技术和安全技术），最后以"应用"结尾（包括 RFID 技术广泛应用的前提——标准化，基于 RFID 的典型物联网架构——EPC 系统，以及 RFID 技术在四个不同领域的应用实例）。这三部分内容自底向上自成体系，不仅可以高屋建瓴地从全局角度掌握 RFID 技术，也可以方便地对每个具体的知识点进行深入的学习。

本书可作为普通高等学校物联网工程及相关专业的教材，也可供从事物联网及相关专业的人士参考。

本书配有教学课件，读者可登录华信教育资源网（www.hxedu.com.cn）免费下载。

图书在版编目（CIP）数据

物联网 RFID 原理与技术 / 高建良，贺建飚编著. —2 版. —北京：电子工业出版社，2017.1
国家级特色专业（物联网工程）规划教材
ISBN 978-7-121-30361-6

Ⅰ. ①物… Ⅱ. ①高… ②贺… Ⅲ. ①无线电信号－射频－信号识别－教材 Ⅳ. ①TN911.23

中国版本图书馆 CIP 数据核字（2016）第 276009 号

责任编辑：田宏峰
印　　刷：三河市鑫金马印装有限公司
装　　订：三河市鑫金马印装有限公司
出版发行：电子工业出版社
　　　　　北京市海淀区万寿路 173 信箱　邮编　100036
开　　本：787×980　1/16　印张：13.25　字数：300 千字
版　　次：2013 年 7 月第 1 版
　　　　　2017 年 1 月第 2 版
印　　次：2023 年 12 月第 17 次印刷
定　　价：39.00 元

凡所购买电子工业出版社图书有缺损问题，请向购买书店调换。若书店售缺，请与本社发行部联系，联系及邮购电话：(010) 88254888，88258888。

质量投诉请发邮件至 zlts@phei.com.cn，盗版侵权举报请发邮件至 dbqq@phei.com.cn。

本书咨询联系方式：tianhf@phei.com.cn。

出版说明

  物联网是通过射频识别（RFID）、红外感应器、全球定位系统、激光扫描器等信息传感设备，按约定的协议，把任何物品与互联网相连接，进行信息交换和通信，以实现智能化识别、定位、跟踪、监控和管理的一种网络概念。物联网是继计算机、互联网和移动通信之后的又一次信息产业的革命性发展。物联网产业具有产业链长、涉及多个产业群的特点，其应用范围几乎覆盖了各行各业。

  2009 年 8 月，物联网被正式列为国家五大新兴战略性产业之一，写入"政府工作报告"，物联网在中国受到了全社会极大的关注。

  2010 年年初，教育部下发了高校设置物联网专业申报通知，截至目前，我国已经有 100 多所高校开设了物联网工程专业，其中有包括中南大学在内的 9 所高校的物联网工程专业于 2011 年被批准为国家级特色专业建设点。

  从 2010 年起，部分学校的物联网工程专业已经开始招生，目前已经进入专业课程的学习阶段，因此物联网工程专业的专业课教材建设迫在眉睫。

  由于物联网所涉及的领域非常广泛，很多专业课涉及其他专业，但是原有的专业课的教材无法满足物联网工程专业的教学需求，又由于不同院校的物联网专业的特色有较大的差异，因此很有必要出版一套适用于不同院校的物联网专业的教材。

  为此，电子工业出版社依托国内高校物联网工程专业的建设情况，策划出版了"国家级特色专业（物联网工程）规划教材"，以满足国内高校物联网工程的专业课教学的需求。

  本套教材紧密结合物联网专业的教学大纲，以满足教学需求为目的，以充分体现物联网工程的专业特点为原则来进行编写。今后，我们将继续和国内高校物联网专业的一线教师合作，以完善我国物联网工程专业的专业课程教材的建设。

电子工业出版社

教材编委会

编委会主任：施荣华　黄东军

编委会成员：（按姓氏字母拼音顺序排序）
董　健　高建良　桂劲松　贺建飚
黄东军　刘连浩　刘少强　刘伟荣
鲁鸣鸣　施荣华　张士庚

前　言

　　射频识别（Radio Frequency Identification，RFID）技术是一种利用射频信号在空间耦合实现无接触的信息传输，并通过所传输的信息自动识别目标对象的技术。RFID 系统如同物联网的触角，使得自动识别物联网中的每一个物体成为可能，是构建物联网的基础。各高等院校也都将射频识别技术列为物联网工程等相关专业的核心课程，可见物联网 RFID 技术的重要性。

　　本书从一个全新的体系介绍物联网 RFID 的原理与技术。全书分为三个部分共 12 章，从射频识别的"射频"到射频识别的"识别"，最后以"应用"结尾。这三部分内容自底向上自成体系，不仅可以高屋建瓴地从全局角度掌握 RFID 技术，也可以方便地对每个具体的知识点进行深入的学习。

　　第一部分包含第 1～3 章，讲述射频识别中的"射频"部分。本书首次将射频电路知识（传输线理论、谐振电路和天线基础）作为射频识别的基础进行了介绍，这将使得没有射频电路基础的读者也可以很好地理解射频识别。

　　其中，第 1 章为传输线理论，介绍射频电路中的基本概念——传输线，这一章是本书中独立性最大的一章，读者可以根据实际情况决定是否学习本章内容。第 2 章为谐振电路，主要介绍串联谐振和并联谐振，是后续章节介绍 RFID 通信过程的理论基础。第 3 章为天线基础，介绍 RFID 系统常用的天线及天线的电参数。

　　第二部分包含第 4～9 章，讲述射频识别中的"识别"部分，重点介绍射频识别系统的主要组成部分（电子标签、读写器），以及读写器与电子标签的通信技术（编码与调制技术、防碰撞技术和安全技术）。

　　其中，第 4 章为物联网 RFID 系统概述，讲述 RFID 系统的基本概念和分类。第 5 章和第 6 章分别为电子标签和读写器，介绍它们的基本构成和工作原理。第 7 章介绍读写器与电子标签之间进行通信的重要步骤——编码与调制。第 8 章和第 9 章分别讲述 RFID 通信中的关键问题——防碰撞技术和安全技术。

　　第三部分包含第 10～12 章，讲述射频识别技术的应用。

　　其中，第 10 章为 RFID 标准，介绍 RFID 技术广泛应用的前提——标准化。第 11 章介绍物联网的典型架构——EPC系统，该系统可在RFID的基础上，构建一个全球互连的物联网。第12章介绍RFID在四个不同领域的典型应用实例。

本书在编写过程中力求深入浅出、重点突出、简明扼要，尽可能方便不同专业背景和知识层次的读者阅读。本书配套的课件资料可从www.hxedu.com.cn（华信教育资源网）免费下载。

另外，本书部分内容参考了大量公开资料和网络上的资源，对他们的工作致以深切的谢意。需要指出的是，物联网工程专业是一个全新的专业，因此要编写一本完美的物联网RFID教材绝非易事。由于水平有限，书中难免存在疏漏或者错误，希望广大读者不吝赐教。如有任何建议、意见或者疑问，请及时联系作者，以期在后续版本中改进和完善。

编　者

2016年11月

目录

第 **1** 章
传输线理论

射频识别（Radio Frequency Identification，RFID）是 20 世纪 80 年代发展起来的一种自动识别技术，RFID 利用射频信号的空间耦合实现无接触信息传输并通过所传输的信息进行目标识别。射频识别包括射频（Radio Frequency，RF）与识别（Identification，ID）两个部分，其中"射频"部分主要指电子标签和读写器中的射频电路即射频前端和天线，是实现射频识别的基础；"识别"部分则包含读写器和电子标签，以及它们之间的通信技术（编码与调制技术、防碰撞技术和安全技术等）。

本章将引入射频电路设计中的基本概念——传输线。随着工作频率的升高，波长不断减小，当波长减小到可以与电路的几何尺寸相比拟时，传输线上的电压和电流将随着空间位置而变化，这一点与低频电路完全不同。在射频频段，基尔霍夫定律不再适用，必须使用传输线理论取代低频电路理论。

1.1 认识传输线

1.1.1 长线的含义

传输线是传输电磁能量的一种装置。在低频传输线中，电流几乎均匀地分布在导线内部，低频电路中的导线属于传输线的一种特例。随着工作频率的升高，波长不断减小，电流集中在导体表面，导体内部几乎没有能量传输。传输线上的电压和电流随着空间位置不同而变化，电压和电流呈现出波动性。下面引入长线的概念来区分它们。

长线是指传输线的几何长度和线上传输电磁波的波长的比值（即电长度）大于或接近于 1；反之，则称为短线。可见，长线和短线是相对的概念，取决于传输线的电长度而不是它的几何长度。在射频电路中，传输线的几何长度有时只不过几厘米，但因为这个长度已经大于工作波长或与工作波长差不多，仍称它为长线；而输送市电的电力线，即使几何长度为几千米，但与市电的波长（如 6 000 km）相比，还是小得多，所以仍然只能将它看作短线。传输线理论是针对长线而言的，用来分析传输线上电压和电流分布，以及传输线上阻抗变化的规律。传输线理论是电路理论与电磁场波动理论的结合，可以认为它是电路理论的扩展，也可以认为它是电磁场波动方程的解。

在传统的低频电路中，连接元件的导线是理想的短路线，只须考虑传输信号幅度，而无须考虑相位，称为集总参数电路。在低频电路中常常忽略元件连接线的分布参数效应，认为电场能量全部集中在电容器中，而磁场能量全部集中在电感器中，电阻元件是消耗电磁能量的。而在射频电路中，长线上每一点都分布有电阻、电感、电容和电导，导致沿线的电流、电压随时间和空间位置不同而变化，称为分布参数电路。随着频率的提高，电路元件的辐射损耗，导体损耗和介质损耗增加，电路元件的参数也随之变化。当频率提高到其波长和电路的几何尺寸可相比拟时，电场能量和磁场能量的分布空间很难分开，而且连接元件的导线的分布参数已不可忽略。

1.1.2　传输线的构成

从传输模式上看，传输线上传输的电磁波可以分为三种类型。

（1）TEM 波（横电磁波）：电场和磁场都与电磁波传播方向相垂直。

（2）TE 波（横电波）：电场与电磁波传播方向相垂直，传播方向上只有磁场分量。

（3）TM 波（横磁波）：磁场与电磁波传播方向相垂直，传播方向上只有电场分量。

TEM 波模型如图 1-1 所示，电场（E）与磁场（H）与电磁波传播方向（V）垂直。TEM 传输线上电磁波的传播速度与频率无关。本书射频电路只涉及 TEM 传输线。

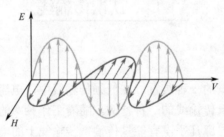

图 1-1　TEM 波模型

1.1.3　传输线举例

TEM 传输线有很多种类，常用的有双线传输线、同轴线、带状线和微带线（传输准 TEM 波），用来传输 TEM 波的传输线一般由两个（或两个以上）导体组成。

1. 同轴线

当频率高达 10 GHz 时，几乎所有射频系统或测试设备的外接线都是同轴线，如图 1-2（a）所示，同轴线由内圆柱导体（半径为 a）、外导体（半径为 b）和它们之间的电解质层组成。通常，外导体接地，电磁场被限定在内外导体之间，所以同轴线基本没有辐射损耗，也几乎不受外界信号干扰。同轴线的工作频带比双线传输线宽，可以用于大于厘米波的波段。

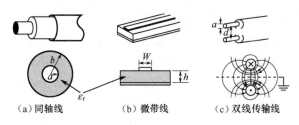

（a）同轴线　　　（b）微带线　　　（c）双线传输线

图 1-2　常见传输线

2. 微带线

多数电子系统通常采用平面印制电路板作为基本介质实现。当涉及射频电路时，必须考虑蚀刻在电路板上导体的高频特性。1965 年，固体器件和微带线相结合，出现了第一块微波集成电路。在射频电路中平面型传输线得到了广泛的应用，多数射频电路是由微带线实现的。图 1-2（b）所示为微带线结构，它是在厚度为 h 的介质基片一面制作宽度为 W、厚度为 t 的导体带，另一面制作接地导体平板而构成，整体厚度只有几毫米。

3. 双线传输线

双线传输线由两根圆柱形导线构成，如图 1-2（c）所示。双线传输线是开放的系统，当工作频率升高时，其辐射损耗会增加，同时也会受到外界信号的干扰。相隔固定距离的双导线上由导体发射的电和磁力线可以延伸到无限远，并影响线附近的电子设备。由于导线系统像一个大天线，辐射损耗很高，所以双线是有限制地应用在射频领域。

1.2　传输线等效电路表示法

电路工作频率的提高意味着波长的减小。当频率提高到超高频时，相应的波长范围为 $10 \sim 100$ cm；当波长与电路元件的尺寸相当，电压和电流不再保持空间不变，不能再通过基尔霍夫电压和电流定律对宏观的传输线传输特性进行分析，而必须用波的特性来分析它们。可以对传输线进行分割，当传输线被分割成足够小的线段时，即可以用分布量来描述，在微观尺度上也遵循基尔霍夫定律。如图 1-3 所示的等效电路，将均匀传输线分割成许多微分段 Δz（$\Delta z \ll \lambda$，λ 为波长），这样每个微分段可看作集总参数电路，整个传输线的等效电路是无限多的微分段单元电路的级联。

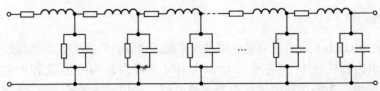

图1-3　双线传输线的等效表示

图1-4所示的是用双线传输线建立的一个单元模型。由于长线上每一点都分布有电阻、电感、电容和电导，我们把双线传输线分为长度为Δz的线段。这种分割到微观的表示法主要的优点是：能够引入分布量描述，在微观尺寸上的分析可以遵循基尔霍夫定律，同时也提供了一个更直观的图形。在位置z和z+Δz之间的小段传输线上，每个导体（两根传输线）是用电阻R和电感L的串联来描述的。另外，由两导体电荷分离引出的电容效应可用C表示，考虑到所有介质都有损耗，还必须包含电导G。在Δz长度内的分割单元满足集总参量分析如图1-4所示。

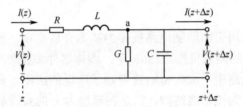

图1-4　在Δz长度内满足集总参量分析

在上述等效模型中，传输线的线路中有着四个分布参数：分布电阻R、分布电导G、分布电感L和分布电容C，它们的数值均与传输线的种类、形状、尺寸及导体材料和周围媒质特性有关。分布参数定义如下：

- 分布电阻R——传输线单位长度上的总电阻值，单位为Ω/m；
- 分布电导G——传输线单位长度上的总电导值，单位为S/m；
- 分布电感L——传输线单位长度上的总电感值，单位为H/m；
- 分布电容C——传输线单位长度上的总电容值，单位为F/m。

均匀传输线是指传输线的几何尺寸、相对位置、导体材料及导体周围媒质特性沿电磁波的传输方向不改变的传输线，即沿线的分布参数是均匀分布的。本章只关注均匀传输线。

1.3　传输线方程及传输线特征参数

在射频电路中，传输线上的电压和电流将随空间位置而变化。为了能够得到传输线上指定位置电压和电流值，本节引入了一般传输线方程并得到该方程的通解，再由方程推出几个传输线的特征参数。

1.3.1 一般传输线方程——基尔霍夫定律表示式

1. 基尔霍夫电流定律（KCL）

对于任一节点，所有流出节点的支路电流的代数和恒等于零，即对任一节点，有

$$\sum i = 0$$

规定：流出节点的电流前面为"+"；流入节点的电流前面为"−"。KCL 的实质是流入节点的电流等于流出节点的电流。

2. 基尔霍夫电压定律（KVL）

任一回路的所有支路电压的代数和恒等于零，即对任一回路，有

$$\sum u = 0$$

规定：指定回路的绕行方向，支路电压方向与回路绕行方向一致时，前面为"+"；反之，前面取"−"。KVL 的实质是电压与路径无关。

3. 电阻 R、电感 L 和电容 C 的阻抗

电阻 R 的阻抗为

$$Z_R = \frac{\dot{U}_R}{\dot{I}_R} = R$$

"电阻" $=R$，"电抗" $=0$

电感 L 的阻抗为

$$Z_L = \frac{\dot{U}_L}{\dot{I}_L} = j\omega L = jX_L$$

"电阻" $=0$，"电抗" $=\omega L$，$X_L = \omega L$ 为感抗

电容 C 的阻抗为

$$Z_C = \frac{\dot{U}_C}{\dot{I}_C} = \frac{1}{j\omega C} = jX_C$$

"电阻" $=0$，"电抗" $=-\dfrac{1}{\omega C}$，$X_C = -\dfrac{1}{\omega C}$ 为容抗

4．基尔霍夫定律表示传输线的一般方程

在 1.2 节中，双线传输线被分割成足够小的线段，建立了一个可以使用基尔霍夫定律的模型。下面我们就用基尔霍夫电压和电流定律分别应用于如图 1-4 所示的回路和节点 a。

由基尔霍夫电压定律可得出

$$(R + j\omega L)I(z)\Delta z + V(z + \Delta z) = V(z) \tag{1.1}$$

式（1.1）两边同除 Δz，然后取极限可得电压降的导数，即

$$\lim_{\Delta z \to 0}\left(-\frac{V(z + \Delta z) - V(z)}{\Delta z}\right) = -\frac{dV(z)}{dz} = (R + j\omega L)I(z)$$

或

$$-\frac{dV(z)}{dz} = (R + j\omega L)I(z) \tag{1.2}$$

式中，R 和 L 为双线的组合电阻和电感，也就是说将电阻和电感合在一起了。

再对图 1-4 中的节点 a 应用基尔霍夫电流定律，得

$$I(z) - V(z + \Delta z)(G + j\omega C)\Delta z = I(z + \Delta z) \tag{1.3}$$

同样，式（1.3）也可转换成

$$\lim_{\Delta z \to 0}\frac{I(z + \Delta z) - I(z)}{\Delta z} = \frac{dI(z)}{dz} = -(G + j\omega C)V(z) \tag{1.4}$$

式（1.2）和式（1.4）是一对相互联系的一阶微分方程组，将式（1.2）变形导入式（1.4）中可得

$$\frac{d^2V(z)}{dz^2} - k^2V(z) = 0 \tag{1.5}$$

式中，我们设 k 为复传播常数，即

$$k = k_r + jk_i = \sqrt{(R + j\omega L)(G + j\omega C)}$$

同理，将式（1.4）变形导入式（1.2）中，可得

$$\frac{d^2I(z)}{dz^2} - k^2I(z) = 0 \tag{1.6}$$

式（1.5）和式（1.6）两个方程的解是两个指数函数，对于电压有

$$V(z) = V^+ e^{-kz} + V^- e^{+kz} \tag{1.7}$$

对于电流有

$$I(z) = I^+ e^{-kz} + I^- e^{+kz} \tag{1.8}$$

由式（1.7）和式（1.8）可以看出，传输线上任意位置的复数电压和电流均由两部分组成，第一部分是向+z 方向传播的，即由信号源向负载方向传播的行波，称为入射波，其振幅不随传输方向变化，其相位随传播方向 z 的增加而滞后；第二部分是向−z 方向传播的，即由负载向信号源方向传播的行波，称为反射波，其振幅不随传播方向变化，其相位随反射波方向−z 的增加而滞后。传输线上任意位置的电压和电流均是入射波和反射波的叠加。

式（1.7）和式（1.8）可以说是传输线方程的通解，接下来我们将引入一些传输线的特征参数，最后求方程的特解。

1.3.2 特性阻抗

我们把式（1.7）代入式（1.2）中并求微分，可得

$$kV^+ e^{-kz} - kV^- e^{+kz} = (R + j\omega L)I(z)$$

整理可得

$$I(z) = \frac{k}{R + j\omega L}(V^+ e^{-kz} - V^- e^{+kz}) \tag{1.9}$$

电压和电流是通过阻抗联系起来的，根据式（1.9），我们引入特性阻抗 Z_0 的概念

$$Z_0 = \frac{(R + j\omega L)}{k} = \sqrt{\frac{(R + j\omega L)}{(G + j\omega C)}} \tag{1.10}$$

对于无耗传输线模型，$R=G=0$，这时特性阻抗简化为

$$Z_0 = \sqrt{L/C} \tag{1.11}$$

将式（1.8）代入式（1.9），有

$$I^+ e^{-kz} + I^- e^{+kz} = \frac{1}{Z_0}(V^+ e^{-kz} - V^- e^{+kz})$$

容易得到

$$Z_0 = \frac{V^+}{I^+} = -\frac{V^-}{I^-} \tag{1.12}$$

结论：特性阻抗是传输线上入射波电压与入射波电流之比，或反射波电压与反射波电流之比的负值。

虽然特性阻抗可以用电压和电流比来表示，但它本身是针对于某一特定的传输线而言的，与负载无关。

在引入特性阻抗后，我们对传输线方程做第一次变形得到

$$V(z) = V^+ e^{-kz} + V^- e^{+kz}$$

$$I(z) = \frac{1}{Z_0}(V^+ e^{-kz} - V^- e^{+kz}) \tag{1.13}$$

1.3.3 传播常数

传播常数 k 是描述传输线上入射波和反射波的衰减和相位变化的参数，其表达式为

$$k = k_r + jk_i = \sqrt{(R + j\omega L)(G + j\omega C)}$$

用一般公认的工程技术符号表示为

$$\alpha \equiv k_r, \quad \beta \equiv k_i$$

其中实部 α 称为衰减常数，虚部 β 称为相移常数。衰减常数用来表示单位长度行波振幅的变化，相移常数用来表示单位长度行波相位的变化。

因为我们研究的是无耗线路，故

$$k = j\omega\sqrt{LC}, \quad \alpha = 0, \quad \beta = \omega\sqrt{LC} \tag{1.14}$$

我们把无耗传输线中参数 α，β 代入传输线方程式，对其做第二次变形，得

$$V(z) = V^+ e^{-j\beta z} + V^- e^{+j\beta z} \tag{1.15}$$

$$I(z) = \frac{1}{Z_0}(V^+ e^{-j\beta z} - V^- e^{+j\beta z}) \tag{1.16}$$

1.4 均匀无耗传输线工作状态分析

传输线上的波一般为入射波与反射波的叠加。波的反射现象是传输线上最基本的物理现象。传输线上合成电压（或电流）振幅值的不同，是由于各处入射波和反射波的相位不同而引起的。可见，当入射波的相位与该点反射波的相位同相时，则该处合成波电压（或

电流）出现最大值，反之两者相位相反时，合成波出现最小值，故有

$$|V|_{max} = |V^+| + |V^-| = |V^+|(1+|\Gamma|) \tag{1.17}$$

$$|V|_{min} = |V^+| - |V^-| = |V^+|(1-|\Gamma|) \tag{1.18}$$

式中，Γ 为反射系数，即反射波电压 $V^-(z)$ 与入射波电压 $V^+(z)$ 之比。我们考虑三种反射系数的极端情况

（1）$|\Gamma|=0$，即有入射波没有反射波时（无反射）；

（2）$|\Gamma|=1$，即入射波完全返回（全反射）；

（3）当 $0<|\Gamma|<1$ 时（部分反射）。

这三种状态分别为：无反射，称为行波状态；全反射，称为驻波状态；部分反射，称为行驻波状态。

传输线只存在入射波而没有反射波，这样的工作状态称为**行波工作状态**。因为电磁波可以在传输线上很好地"行走"，最终全部"走到"终端。行波状态的负载条件为

$$Z_L=Z_0$$

即终端阻抗等于传输线的特性阻抗，这种情况也称为负载完全匹配。完全匹配就是说让负载将入射波的能量完全吸收。

驻波是由两个振幅相同、频率相同、相位相同或相位差恒定的波源（相干波）在同一直线上沿相反方向传播时叠加后形成的。如图 1-5 所示，驻波工作状态中某些点的合成电压永远为零，取最小值点，这些点称为节点。在某些点的合成电压的振幅具有最大值，这些点称为腹点；其他各点的合成电压的振幅在 0 与最大值之间。腹点是最大值点，但并不是说这一点的值是固定不变的，它也在做着简谐运动。形象地说，驻波模型是这样的：两个固定的波节点之间最开始是"平地"，日积月累慢慢鼓起来，变成一座"山峰"，"山峰"被不断侵蚀渐渐降低变回平地，接着平地下陷，变成一个"坑"，最后把"坑"填平。它的特点是各分段各自独立地波动，没有看似"跑动"的波形，因此也就没有能量传播，所以称为驻波。能量不再沿线传播，好像"驻扎"在传输线一样。驻波状态意味着入射波功率完全没有被负载吸收，即负载与传输线完全失配。

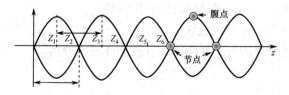

图 1-5　驻波电压示意图

在驻波状态时，入射波等于反射波，也就是说$|\Gamma|=1$。

1.5 本章小结

在低频传输线中，电流几乎均匀地分布在导线内部，电流和电荷可等效地集中在轴线上；高频传输线上的电压和电流将随着空间位置变化而变化，使电压和电流呈现出波动性。高频传输线也称为长线，长线是指传输线的几何长度和线上传输电磁波的波长的比值（即电长度）大于或接近于1。

本章对传输线引入单位长度分布参数，如分布电阻 R、分布电导 G、分布电感 L 和分布电容 C，得到均匀传输线方程电压和电流的通解

$$V(z) = V^+ e^{-kz} + V^- e^{+kz}$$

$$I(z) = I^+ e^{-kz} + I^- e^{+kz}$$

可以看出，线上任意位置的电压和电流均是入射波和反射波的叠加。

特性阻抗 Z_0 为传输线上入射波电压与入射波电流之比，或反射波电压与反射波电流之比的负值。特性阻抗是针对于某一特定的传输线而言的，是不变的，与负载无关。

波的反射现象是传输线上最基本的物理现象，为了表示传输线的反射特性，引入反射系数 Γ，它决定了传输线的三种工作状态：

（1）$|\Gamma|=0$，即有入射波没有反射波时（无反射）；

（2）$|\Gamma|=1$，即入射波完全返回（全反射）；

（3）$0<|\Gamma|<1$，部分反射。

上述三种工作状态分别称为行波工作状态、驻波工作状态和行驻波工作状态。

思考与练习

（1）射频传输线主要包括哪些分布参数？

（2）解释长线的概念，试列举几种常用的传输线。

（3）试建立传输线方程并求其通解。

（4）从反射的角度解释均匀无耗传输线行波和驻波的特点。

第2章
谐振电路

射频识别（RFID）要解决使用不同频率的物体之间的通信问题，就要用到本章的知识——谐振电路。谐振电路有很多种应用，可以在滤波器、振荡器和匹配电路中使用，其功能是有选择性地让一部分频率的源信号通过，同时衰减通带外的信号。当频率不高时，谐振电路由集总参数元件组成；但是当频率达到微波波段时，谐振电路通常由各种形式的传输线实现。本章将对谐振电路做一个简述，讨论串联谐振电路、并联谐振电路及传输线谐振电路的构成、产生条件和一些特性参数。

无论是串联谐振电路还是并联谐振电路，一般情况下都是由电阻（R）、电感（L）、电容（C）和信号源组成的，所以谐振一般是在 RLC 组合电路的情况下分析的。

2.1 串联谐振电路

2.1.1 串联谐振电路的谐振条件

串联谐振电路如图 2-1 所示，由电阻 R、电感 L 和电容 C 串联而成，并以角频率为 ω 的正弦电压信号源作为输入。

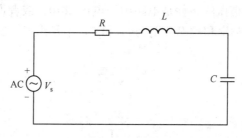

图 2-1　串联谐振电路

图 2-1 所示的串联谐振电路阻抗为

$$Z = R + jX = R + j(X_L + X_C) = R + j\left(\omega L - \frac{1}{\omega C}\right) \tag{2.1}$$

由式（2.1）可以看出，X 是角频率 ω 的函数，它随 ω 的变化规律如图 2-2 所示。

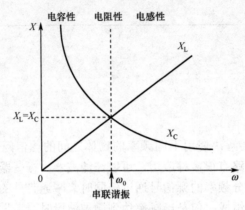

图 2-2　串联谐振

随着角频率的增加，串联 RLC 电路总电抗的变化过程是：开始角频率比较低的时候，X_C 很高但是 X_L 很低，电路呈电容性；随着角频率的增加，X_C 逐渐减小而 X_L 逐渐增大，直到二者的值满足 $X_L = X_C$，这时两个电抗相互抵消，电路表现为纯电阻性，此状态就是串联谐振；随着角频率的进一步增加，X_L 变得比 X_C 大时，电路呈电感性。详细过程如下所述。

保持电路中的 R、L 和 C 等基本参数不变，仅改变输入信号的角频率 ω，当 ω 变到某一个 ω_0 时，恰好使 $\omega_0 L = 1/\omega_0 C$，即

$$X = \omega_0 L - \frac{1}{\omega_0 C} = 0 \tag{2.2}$$

此时感抗和容抗相互抵消，电抗为零，整个 RLC 串联电路呈现电阻性，这时回路发生了串联谐振。由此可见，串联谐振的条件是电路中的电抗 $X=0$，或者说，电路中的感抗和容抗必须相等。设谐振时的角频率和频率分别为 ω_0 和 f_0，于是由式（2.2）可得谐振角频率为

$$\omega_0 = \frac{1}{\sqrt{LC}}$$

谐振频率为

$$f_0 = \frac{1}{2\pi\sqrt{LC}}$$

由以上两式可以看出，谐振频率只取决于电路参数 L、C，而与其他因素无关，因此它

是电路本身固有的、表示其特性的一个重要参数，称为电路的固有谐振频率。若电路参数 L、C 一定，则只有当信号源的频率等于电路的固有频率时，电路才会谐振。若信号源的频率一定，可通过改变电路的 L 或 C，或同时改变 L 和 C 使电路对信号源谐振。收音机选台一般就是通过调节收音机的可变电容器的电容 C，使得电路对电台频率发生谐振。

2.1.2　串联谐振电路的谐振特性

在讨论谐振电路的特性之前，先介绍两个物理量。

1．特性阻抗

谐振时，电路中的感抗或容抗称为谐振回路的特性阻抗，用字母 ρ 表示，即

$$\rho = \omega_0 L = \frac{1}{\omega_0 C} = \frac{1}{\sqrt{LC}} \times L = \sqrt{\frac{L}{C}} \tag{2.3}$$

式（2.3）表明，特性阻抗可由电路参数 L 和 C 决定，单位为 Ω。

2．品质因数（又称为共振系数）

特性阻抗 ρ 和回路电阻 R 的比值 ρ/R 称为回路的品质因数，用字母 Q 表示，即

$$Q = \frac{\rho}{R} = \frac{\omega_0 L}{R} = \frac{1}{\omega_0 CR} = \frac{1}{R}\sqrt{\frac{L}{C}} \tag{2.4}$$

品质因数简称 Q 值，它是一个无量纲的常数，是表征电路谐振特性的一个重要参数。由（2.4）可以看出，回路电阻 R 越小，品质因数越高，电路对频率的选择性就越好。

串联谐振时，电路具有如下特性。

（1）由式（2.1）和式（2.2）可知，谐振时，因 $X=0$，所以谐振时电路的阻抗 $Z_0=R$，是一个纯电阻，此时阻抗为最小值。阻抗 Z 随角频率 ω 的变化情况如图 2-3 所示。

（2）在信号源电压有效值 U 保持不变的情况下，谐振时电流有效值 $I_0=U/Z=U/R$ 达到最大值，并且 $\dot{I}$ 与 $\dot{U}$ 同相位。电流 I 随角频率 ω 的变化情况如图 2-4 所示。

（3）在电路谐振时，电阻上的电压是

$$\dot{U}_{R0} = R\dot{I}_0 = R\frac{\dot{U}}{R} = \dot{U} \tag{2.5}$$

电感上的电压是

$$\dot{U}_{L0} = j\omega_0 L \dot{I}_0 = j\rho \frac{\dot{U}}{R} = jQ\dot{U} \tag{2.6}$$

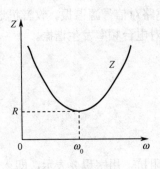

图 2-3 $Z\text{-}\omega$ 曲线

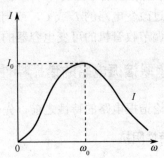

图 2-4 $I\text{-}\omega$ 曲线

电容上的电压是

$$\dot{U}_{C0} = -j\frac{1}{\omega_0 C}\dot{I}_0 = -j\rho\frac{\dot{U}}{R} = -jQ\dot{U} \tag{2.7}$$

由式（2.5）、式（2.6）和式（2.7）可以看出，电阻上的电压 $\dot{U}_{R0}$ 等于信号源的电压 $\dot{U}$。电感上的电压 $\dot{U}_{L0}$ 与电容上的电压 $\dot{U}_{C0}$ 大小相等，相位相反，且等于信号源电压的 Q 倍。通常，回路中的 Q 值可以达到数十到近百，谐振时电感线圈和电容器两端的电压可以比信号源电压大数十到百倍，这是串联谐振时特有的现象，所以串联谐振又称为电压谐振。对于串联谐振回路，在选择电路器件时，必须考虑器件的耐压问题。但这种高电压对人并不存在伤害问题，因为人触及后，谐振条件会被破坏，电流很快就会下降。

（4）在串联谐振时，信号源 $\dot{U}$ 供出的有功功率与电路中电阻消耗的功率相等，即

$$P = UI\cos\varphi = I_0 U = I_0^2 R \tag{2.8}$$

从式（2.8）可以看出，在串联谐振时，谐振电路是纯电阻电路，而电感 L 与电容 C 之间进行着能量交换。

（5）设信号源电压 $u = U_m\cos(\omega_0 t)$，则谐振时回路电流为

$$i_0 = \frac{u}{R} = \frac{U_m}{R}\cos(\omega_0 t) = I_{m0}\cos(\omega_0 t)$$

式中，U_m 是信号源电压的最大值，I_{m0} 是谐振时回路电流的最大值。电感上存储的瞬时磁场能量为

$$w_L = \frac{1}{2}Li_0^2 = \frac{1}{2}LI_{m0}^2\cos^2(\omega_0 t) \tag{2.9}$$

此时，电容上的电压是

$$u_{C0} = \frac{1}{\omega_0 C} I_{m0} \cos\left(\omega_0 t - \frac{\pi}{2}\right) = \frac{I_{m0}}{\omega_0 C} \sin(\omega_0 t) \qquad (2.10)$$

则电容上存储的瞬时电场能量为

$$
\begin{aligned}
w_C &= \frac{1}{2} C u_{C0}{}^2 = \frac{1}{2} C \frac{I_{m0}{}^2}{\omega_0{}^2 C^2} \sin^2(\omega_0 t) \\
&= \frac{1}{2} C \frac{L}{C} I_{m0}{}^2 \sin^2(\omega_0 t) = \frac{1}{2} L I_{m0}{}^2 \sin^2(\omega_0 t)
\end{aligned}
\qquad (2.11)
$$

谐振时，电路中任意时刻的总存储能量是电感上存储的瞬时磁场能量和电容上存储的瞬时电场能量之和，即

$$w = w_L + w_C = L I_{m0}{}^2 / 2 \qquad (2.12)$$

由式（2.12）可知，w 是一个不随时间变化的常量，这说明回路中存储的能量保持不变，只在电感和电容之间能量相互转换。

谐振时电阻上消耗的平均功率为

$$P = \frac{1}{2} R I_{m0}{}^2$$

在每一个周期的时间内，电阻上消耗的能量为

$$w_R = PT = \frac{1}{2} R I_{m0}^2 T_0$$

可得电感、电容储能的总值与品质因数的关系，即

$$
\begin{aligned}
Q &= \frac{\omega_0 L}{R} = \omega_0 \times \frac{L I_{m0}^2}{R I_{m0}^2} = 2\pi \times \frac{\frac{1}{2} L I_{m0}^2}{\frac{1}{2} R I_{m0}^2 T_0} \\
&= 2\pi \times \frac{谐振时电路中电磁场的总储能}{谐振时一周期内电路消耗的能量}
\end{aligned}
\qquad (2.13)
$$

Q 是反映谐振回路中电磁振荡程度的量，品质因数越大，总的能量就越大，维持一定量的振荡所消耗的能量愈小，振荡程度就越剧烈，则振荡电路的"品质"愈好。一般讲在要求发生谐振的回路中总希望尽可能提高 Q 值。

2.1.3 串联谐振电路的谐振曲线和通频带

1. 谐振曲线

I-ω 曲线已在图 2-4 中给出，其表达式为

$$I = \frac{U}{\sqrt{R^2 + \left(\omega L - \dfrac{1}{\omega C}\right)^2}} \tag{2.14}$$

由图 2-4 可以看出，当 ω 不管是从左侧还是右侧偏离 ω_0 时，I 都从谐振时的最大值 I_0 处降下来，这表明串联谐振电路具有选择信号的性能。曲线越陡选择性越好；反之，曲线越平坦，选择性就越差。整理式（2.14）可得

$$I = \frac{U}{\sqrt{R^2 + \left(\dfrac{\omega \omega_0 L}{\omega_0} - \dfrac{\omega_0}{\omega \omega_0 C}\right)^2}} = \frac{U}{R\sqrt{1 + \left(\dfrac{\omega \omega_0 L}{\omega_0 R} - \dfrac{\omega_0}{\omega \omega_0 CR}\right)^2}} = I_0 \frac{1}{\sqrt{1 + Q^2\left(\dfrac{\omega}{\omega_0} - \dfrac{\omega_0}{\omega}\right)^2}} \tag{2.15}$$

再将式（2.15）等号两边同除以 I_0，则可得

$$\frac{I}{I_0} = \frac{1}{\sqrt{1 + Q^2\left(\dfrac{\omega}{\omega_0} - \dfrac{\omega_0}{\omega}\right)^2}} \approx \frac{1}{\sqrt{1 + \left(Q\dfrac{2\Delta\omega}{\omega_0}\right)^2}} = \frac{1}{\sqrt{1 + \xi^2}} \tag{2.16}$$

式中，$\Delta\omega = \omega - \omega_0$，是外加信号的频率 ω 与回路谐振频率 ω_0 之差，表示频率偏离谐振的程度，称为失谐。当 ω 与 ω_0 很接近时，有

$$\frac{\omega}{\omega_0} - \frac{\omega_0}{\omega} = \frac{\omega^2 - \omega_0^2}{\omega\omega_0} = \left(\frac{\omega + \omega_0}{\omega}\right)\left(\frac{\omega - \omega_0}{\omega_0}\right) \approx \frac{2\omega}{\omega}\left(\frac{\Delta\omega}{\omega_0}\right) = 2\frac{\Delta\omega}{\omega_0} = 2\frac{\Delta f}{f_0} \tag{2.17}$$

而 $\xi = Q(\Delta\omega/\omega_0)$ 具有失谐量的定义，称为广义失谐。

根据式（2.16）可画出相应的曲线，如图 2-5 所示，该曲线称为谐振曲线。可见，Q 值越大，曲线越尖锐，选择性越好；反之，Q 值越小，曲线越平坦，选择性越差。

2. 通频带

当保持外加信号的幅值不变而改变其频率时，将回路电流值下降为谐振值的 $1/\sqrt{2}$ 时对应的频率范围称为回路的通频带，也称为回路带宽，通常用 B_W 来表示，如图 2-6 所示。

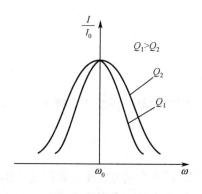

图 2-5 谐振曲线

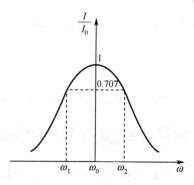

图 2-6 通频带分布图

令式（2.16）等于 $1/\sqrt{2}$，即

$$\frac{I}{I_0} \approx \frac{1}{\sqrt{1+\left(Q\frac{2\Delta\omega}{\omega_0}\right)^2}} = \frac{1}{\sqrt{1+\xi^2}} = \frac{1}{\sqrt{2}}$$

则可推得 $\xi=\pm1$，从而可得带宽

$$B_{\mathrm{W}}=\omega_2-\omega_1=\omega_0/Q \tag{2.18}$$

这种带宽计算方式仅适用于窄带情况，即 $\omega\approx\omega_0$ 的情况。

从式（2.18）可以看出，Q 值越高，谐振曲线越尖锐，选择性越好，但通频带越窄。因此，选择性和通频带间存在着制约关系，在 RFID 的实际应用中，选择 Q 值应兼顾这两个方面的要求。

2.1.4 串联谐振电路的有载品质因数

前面定义的 Q 是无载品质因数，体现了谐振电路自身的特性。但在实际应用中，谐振电路总是要与外负载耦合的，由于外负载消耗能量，会使总的品质因数下降。

假设外负载为 R_{L}，外部品质因数定义为

$$Q_{\mathrm{e}} = \frac{\omega_0 L}{R_{\mathrm{L}}} \tag{2.19}$$

将 R_{L} 与 R 串联，总的电阻为 $R_{\mathrm{L}}+R$，此时总的品质因数设为 Q_{L}，则整个回路的有载品质因数为

$$Q_{\mathrm{L}} = \frac{\omega_0 L}{R_{\mathrm{L}} + R} \tag{2.20}$$

由式（2.4）、式（2.19）和式（2.20）可得

$$\frac{1}{Q_L} = \frac{1}{Q} + \frac{1}{Q_e}$$

总之，当有负载接入串联谐振电路时，串联谐振回路的品质因数将下降。

2.1.5 串联谐振电路在 RFID 中的应用

在 RFID 读写器的射频前端常常要用到串联谐振电路，因为它可以使低频和高频 RFID 读写器有较好的能量输出。低频 RFID 和高频 RFID 读写器的天线用于产生磁通量，该磁通量向电子标签提供能量，并在读写器和电子标签之间传输信息。对读写器天线的构造有如下要求。

- 读写器天线上的电流最大，以使读写器线圈产生最大的磁通量；
- 功率匹配，以最大程度地输出读写器的能量；
- 足够的带宽，以使读写器信号无失真输出。

根据以上要求，读写器天线的电路应该是串联谐振电路。谐振时，串联谐振回路可以获得最大的电流，使读写器线圈上的电流最大，可以最大程度地输出读写器的能量，可以满足读写器信号无失真输出的需求，这时只须要根据带宽的要求来调整谐振电路的品质因数。

RFID 读写器射频前端天线电路的结构如图 2-7 所示。

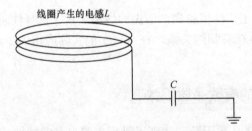

图 2-7　RFID 读写器射频前端天线电路

在图 2-7 中，电感 L 由线圈天线构成，电容 C 与电感 L 串联，构成串联谐振电路。在实际应用中，电感 L 和电容 C 均有电阻损耗，串联谐振电路相当于电感 L、电容 C 和电阻 R 三个元件串联而成。

2.2　并联谐振电路

2.2.1 并联谐振电路的组成

串联谐振电路适用于恒压源，即信号源内阻很小的情况。如果信号源的内阻大（此时

的信号源近似为恒流源），则应该采用并联谐振电路。

并联谐振电路如图 2-8 所示，由电阻 R、电感 L、电容 C 和高内阻的外加信号源并联而成。

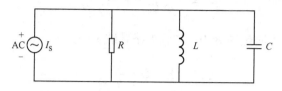

图 2-8　并联谐振电路

2.2.2　并联谐振电路的谐振条件

由图 2-8 可知，并联谐振电路的导纳为

$$Y = G + jB = G + j(B_L + B_C) = G + j\left(\omega C - \frac{1}{\omega L}\right) \qquad (2.21)$$

由串联谐振类比可知，当电纳 $B=0$ 时，电路两端电压与输入电流同相位，即电路发生了并联谐振，此时电路表现为纯电阻性。满足 $B=0$ 的角频率称为并联谐振电路的谐振角频率，同样记为 ω_0。于是并联谐振电路的谐振条件为 $B=0$，即

$$B = \omega_0 C - \frac{1}{\omega_0 L} = 0 \qquad (2.22)$$

设谐振时的角频率和频率分别为 ω_0 和 f_0，则由式（2.22）可得

谐振角频率
$$\omega_0 = \frac{1}{\sqrt{LC}}$$

谐振频率
$$f_0 = \frac{1}{2\pi\sqrt{LC}}$$

可见，并联谐振电路与串联谐振电路的谐振（角）频率计算公式相同。

2.2.3　并联谐振电路的谐振特性

同串联谐振电路一样，在并联谐振时，电路也具有一定的特性。并联电路和串联电路的特性阻抗是一样的，同为

$$\rho = \omega_0 L = \frac{1}{\omega_0 C} = \frac{1}{\sqrt{LC}} \times L = \sqrt{\frac{L}{C}}$$

但并联谐振电路的品质因数却与串联谐振电路的刚好相反，即

$$Q = \frac{R}{\omega_0 L} = \omega_0 CR = \frac{R}{\rho} \qquad (2.23)$$

由式（2.21）可知，谐振时电纳 $B=0$，并联电路导纳

$$Y_0 = G = \frac{1}{R}$$

其值最小，且为纯电导。若转换为阻抗，即

$$Z_0 = \frac{1}{Y_0} = \frac{1}{G} = R$$

其值最大，且为纯电阻。并联电路导纳 Y 随角频率 ω 的变化情况如图2-9所示。

（1）在谐振时，设并联谐振电路的端电压为 $\dot{U}_0$，则

$$\dot{U}_0 = \frac{\dot{I}}{Y_0} = \frac{\dot{I}}{G} = R\dot{I}$$

在信号源电流保持不变的情况下，由于谐振阻抗 R 为最大值，所以谐振电压 $\dot{U}_0$ 也为最大值，且 $\dot{U}_0$ 与 $\dot{I}$ 同相。U 随 ω 变化的情况类似于图2-4所示的串联谐振，只是把纵坐标换成了 U，且 ω_0 时对应的最大有效值为 U_0，如图2.10所示。

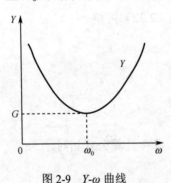

图2-9 Y-ω 曲线

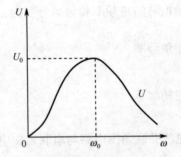

图2-10 U-ω 曲线

（2）在并联谐振时，电阻上的电流是

$$\dot{I}_{R0} = \frac{\dot{U}_0}{R} = \dot{I} \qquad (2.24)$$

电感上的电流是

$$\dot{I}_{L0} = \frac{\dot{U}_0}{j\omega_0 L} = -j\omega_0 CR\dot{I} = -jQ\dot{I} \tag{2.25}$$

电容上的电流是

$$\dot{I}_{C0} = j\omega_0 C\dot{U}_0 = j\omega_0 CR\dot{I} = jQ\dot{I} \tag{2.26}$$

由式（2.24）、式（2.25）和式（2.26）可以看出，电阻上的电流 $\dot{I}_{R0}$ 等于信号源的电流 $\dot{I}$。电感上的电流 $\dot{I}_{L0}$ 与电容上的电流 $\dot{I}_{C0}$ 大小相等，相位相反，且等于信号源电流的 Q 倍。

一般并联谐振电路的 Q 值很高，所以即使信号源的 I 较小，但电感和电容中的电流仍可能很大，故并联电路谐振又称为电流谐振。

（3）在并联谐振时，电路吸收的无功功率也为零，有功功率为

$$P = I^2 R$$

2.2.4 并联谐振电路的谐振曲线和通频带

并联谐振电路的谐振曲线和通频带，仿照串联谐振电路的分析方法得出

$$\frac{U}{U_0} \approx \frac{1}{\sqrt{1+\left(Q\dfrac{2\Delta\omega}{\omega_0}\right)^2}} = \frac{1}{\sqrt{1+\xi^2}} \tag{2.27}$$

所以，并联谐振回路和串联谐振回路的谐振曲线是相同的，只是纵坐标变成了 U/U_0。通过以上内容的学习，可发现串联谐振跟并联谐振其实是对偶关系，很多条件还有特性相差不多。

由图 2-11 可见，Q 值越大，曲线越尖锐，选择性越好；反之，Q 值越小，曲线越平坦，选择性越差。同理可得，并联谐振回路的带宽 B_W 为

$$B_W = \omega_2 - \omega_1 = \omega_0/Q \tag{2.28}$$

其通频带分布图如图 2-12 所示。

2.2.5 并联谐振电路的有载品质因数

假设外负载为 R_L，将 R_L 与 R 并联，总的电阻为 $RR_L/(R+R_L)$，外部品质因数

$$Q_e = \frac{R_L}{\omega_0 L} \tag{2.29}$$

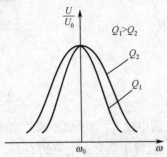

图 2-11 谐振曲线

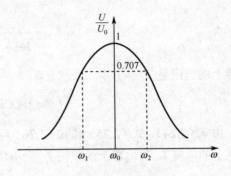

图 2-12 通频带分布图

此时整个回路的有载品质因数

$$Q_L = \frac{RR_L}{\omega_0 L(R+R_L)} \qquad (2.30)$$

由式（2.23）、式（2.29）和式（2.30）可得

$$\frac{1}{Q_L} = \frac{1}{Q} + \frac{1}{Q_e} \qquad (2.31)$$

跟串联谐振电路一样，当有负载接入电路后，并联谐振电路的品质因数将会下降，从而使电路的通频带变宽，选择性变差。

2.2.6 并联谐振电路在 RFID 中的应用

在 RFID 电子标签的射频前端常采用并联谐振电路，因为它可以使低频和高频 RFID 电子标签从读写器耦合的能量最大。

低频和高频 RFID 电子标签的天线用于耦合读写器的磁通，该磁通向电子标签提供电源，并在读写器与电子标签之间传输信息。对电子标签天线的构造有如下要求。

● 电子标签天线上感应的电压最大，以使电子标签线圈输出最大的电压；
● 功率匹配，以最大程度地耦合来自读写器的能量；
● 足够的带宽，以使电子标签接收的信号无失真。

根据以上要求，电子标签天线的电路应该是并联谐振电路。谐振时，并联谐振电路可以获得最大的端电压，使电子标签线圈上输出的端电压最大，可以最大程度地耦合读写器的能量，可以满足电子标签接收的信号无失真，这时只须要根据带宽要求调整谐振电路的品质因数。

RFID 电子标签射频前端天线电路的结构如图 2-13 所示。

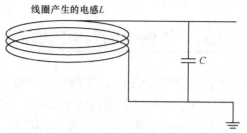

线圈产生的电感L

图 2-13　RFID 电子标签射频前端天线电路

在图 2-13 中，电感 L 由线圈天线组成，电容 C 与电感 L 并联，构成并联谐振电路。实际应用中，电感 L 和电容 C 有损耗，并联谐振电路相当于电感 L、电容 C 和电阻 R 三个元件并联而成。

串联谐振电路和并联谐振电路的参量比较见表 2-1。

表 2-1　串联谐振电路和并联谐振电路参量一览表

参　量	串联谐振电路	并联谐振电路
信号源	恒压源	恒流源
谐振条件	$X = \omega_0 L - \dfrac{1}{\omega_0 C} = 0$	$B = \omega_0 C - \dfrac{1}{\omega_0 L} = 0$
谐振性质	电压谐振	电流谐振
谐振（角）频率	$\omega_0 = \dfrac{1}{\sqrt{LC}}$，$f_0 = \dfrac{1}{2\pi\sqrt{LC}}$	$\omega_0 = \dfrac{1}{\sqrt{LC}}$，$f_0 = \dfrac{1}{2\pi\sqrt{LC}}$
特性阻抗	$\rho = \omega_0 L = \dfrac{1}{\omega_0 C} = \sqrt{\dfrac{L}{C}}$	$\rho = \omega_0 L = \dfrac{1}{\omega_0 C} = \sqrt{\dfrac{L}{C}}$
带宽	$B_{\mathrm{w}} = \omega_2 - \omega_1 = \dfrac{\omega_0}{Q}$	$B_{\mathrm{w}} = \omega_2 - \omega_1 = \dfrac{\omega_0}{Q}$
无载品质因数	$Q = \dfrac{\omega_0 L}{R} = \dfrac{1}{\omega_0 CR} = \dfrac{\rho}{R}$	$Q = \dfrac{R}{\omega_0 L} = \omega_0 CR = \dfrac{R}{\rho}$
外部品质因数	$Q_{\mathrm{e}} = \dfrac{\omega_0 L}{R_{\mathrm{L}}}$	$Q_{\mathrm{e}} = \dfrac{R_{\mathrm{L}}}{\omega_0 L}$
有载品质因数	$Q_{\mathrm{L}} = \dfrac{\omega_0 L}{R_{\mathrm{L}} + R}$	$Q_{\mathrm{L}} = \dfrac{RR_{\mathrm{L}}}{\omega_0 L\left(R + R_{\mathrm{L}}\right)}$
品质因数关系	$\dfrac{1}{Q_{\mathrm{L}}} = \dfrac{1}{Q} + \dfrac{1}{Q_{\mathrm{e}}}$	$\dfrac{1}{Q_{\mathrm{L}}} = \dfrac{1}{Q} + \dfrac{1}{Q_{\mathrm{e}}}$
应用	RFID 读写器的射频前端	RFID 电子标签的射频前端

2.3　传输线谐振电路概述

在第 1 章的学习中，我们已经对传输线理论有了一定的理解。当频率增大，波长可与分立的电路元件的集合尺寸相比拟时，电压和电流就不再保持空间不变，我们必须将它们看成传输的波。本章前两节研究的谐振电路是基于交变电流的基尔霍夫电压和电流定律的，但是在射频传输线领域，必须使用传输线的相关理论。

在均匀无耗传输线的驻波工作状态下，无论终端是短路还是开路，传输线上各点的输入阻抗为纯电抗，即感抗和容抗；每过 $\lambda/4$，输入阻抗的性质就会改变一次，即容性改变为感性，感性改变为容性；短路转变为开路，开路转变为短路。而每过 $\lambda/2$，输入阻抗性质又会重复一次。因此，输入阻抗是周期性函数，周期为 $\lambda/2$，而且传输线上没有能量的传输。这种容性、感性的交替变化和无能量传输的性质，跟串并联谐振电路在谐振的状态下是极其相似的。

在微波波段，理想的集总元件谐振电路不易实现，因此终端短路或开路的传输线经常作为谐振电路使用。在传输线上实现的谐振电路称为传输线谐振电路，通常称为谐振器。

作为串联谐振电路的传输线谐振器有两种类型：长度是 $n\lambda/2+\lambda/4$（$n=0$，1，2…）的终端开路传输线，以及长度是 $n\lambda/2+\lambda/2$（$n=0$，1，2…）的终端短路传输线，如图 2-14 所示。

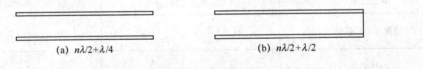

(a) $n\lambda/2+\lambda/4$　　　　　　　　　(b) $n\lambda/2+\lambda/2$

图 2-14　串联谐振电路的传输线谐振器

作为并联谐振电路的传输线谐振器也有两种类型：长度是 $n\lambda/2+\lambda/2$（$n=0$，1，2…）的终端开路传输线，以及长度是 $n\lambda/2+\lambda/4$（$n=0$，1，2…）的终端短路传输线，如图 2-15 所示。

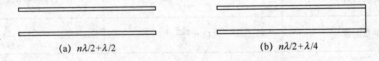

(a) $n\lambda/2+\lambda/2$　　　　　　　　　(b) $n\lambda/2+\lambda/4$

图 2-15　并联谐振电路的传输线谐振器

2.4　本章小结

经过本章的学习，我们对串并联谐振电路及传输线上的谐振电路有了一定的了解，尤其是串/并联电路构成的谐振。我们可以发现，无论是哪种电路实现的谐振，都会有一定的

特性，如阻抗特性、电流特性、电压特性、谐振曲线、通频带，以及功率和能量特性等，它们之间既有差别又有许多的相似之处。

串并联谐振电路的谐振条件相似，分别是

$$X = \omega_0 L - \frac{1}{\omega_0 C} = 0 \ , \qquad B = \omega_0 C - \frac{1}{\omega_0 L} = 0$$

由此可以得到它们的谐振（角）频率是一样的。

谐振角频率

$$\omega_0 = \frac{1}{\sqrt{LC}}$$

谐振频率

$$f_0 = \frac{1}{2\pi\sqrt{LC}}$$

为了学习谐振的特性，我们又引入了两个很重要的概念。

（1）特性阻抗 ρ。

$$\rho = \omega_0 L = \frac{1}{\omega_0 C} = \frac{1}{\sqrt{LC}} \times L = \sqrt{\frac{L}{C}}$$

无论是串联谐振还是并联谐振，它都不变。

（2）品质因数 Q。串联谐振时

$$Q = \frac{\rho}{R} = \frac{\omega_0 L}{R} = \frac{1}{\omega_0 C R} = \frac{1}{R} \times \sqrt{\frac{L}{C}}$$

并联谐振时

$$Q = \frac{R}{\omega_0 L} = \omega_0 C R = \frac{R}{\rho}$$

可以发现它们的品质因数刚好相反，呈倒数关系。

在学习它们的谐振特性时，发现当串联谐振时，电路为纯电阻性，而对应的并联谐振时，电路为纯电导性，且它们的曲线有很大的相似性。有一点我们应该注意到，就是谐振时，电路的总能量是不变的，只会在电感和电容之间相互转换。

串并联谐振的回路带宽都为

$$B_W=\omega_2-\omega_1=\omega_0/Q$$

从串并联谐振电路的谐振曲线可以看出，Q 值越大，曲线越尖锐，选择性越好；反之，Q 值越小，曲线越平坦，选择性越差。但是从上面带宽的公式可以看到，Q 值越大，通频带越窄，有可能使电路传输的信号失真，因此，在实际运用中，我们要兼顾这两方面的要求，选择合适的 Q 值。

在应用中，串联谐振电路主要用到 RFID 读写器的射频前端，而并联谐振电路主要用到 RFID 电子标签的射频前端。虽然都是用在射频前端，但是它们的使用要求完全不同。

在频率很高的情况下，一般的集总元件不易实现谐振电路，通常用满足一定条件的传输线来实现。

思考与练习

（1）串联谐振电路和并联谐振电路有哪些相同点和不同点？

（2）若某串联谐振电路 $L=10$ μH、$C=10$ pF、$R=100$ kΩ，求该谐振电路的无载品质因数，特性阻抗，以及谐振频率。若该电路是并联谐振电路结果又是什么？

（3）设计一个由理想电感和理想电容构成的并联谐振电路，要求在负载 $R_L=50$ Ω 及 $f=142.4$ MHz 时的有载品质因数 $Q_L=1.1$。讨论利用改变电感和电容值提高有载品质因数的途径。

（4）某串联谐振电路 $L=20$ nH、$C=40$ pF、$R=1000$ kΩ、$R_L=1600$ kΩ，求该谐振电路的无载品质因数、外部品质因数、有载品质因数、特性阻抗、谐振角频率及带宽。

（5）什么情况下，终端短路或终端开路谐振电路相当于串联谐振电路？什么情况下，终端短路或终端开路谐振电路相当于并联谐振电路？

（6）终端开路 $7\lambda/2$ 的传输线相当于什么谐振电路？经过怎样的变换可以变成另一种谐振电路？若是终端短路的传输线又是怎样的结果？

（7）串联谐振电路如习题 2-7 图所示，当 $f=50$ Hz 时，$X_C=-50$ kΩ，当 $f=20$ kHz 时，电路发生谐振，求 L。

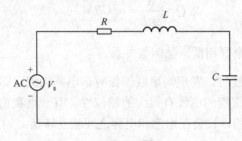

习题 2-7 图

（8）已知并联谐振电路的品质因数 Q 为 50，且带宽为 400 Hz。如果 Q 值增加一倍，那么在谐振频率不变的情况下，带宽是多少？

（9）设计一个谐振电路，要求工作频率为 120 MHz 时有载品质因数为 60。其中电源阻抗为 200 Ω，负载阻抗为 2 kΩ。

第 **3** 章

天线基础

天线（Antenna）是一种以电磁波形式发射或接收射频信号的装置，即一种能够将电流信号转换为电磁波，或者将接收到的电磁波转换为电流信号的装置。在 RFID 系统中，读写器和电子标签之间的通信是以无线方式完成的，因此读写器和电子标签都必须具有自己的天线，用来接收和发送电磁波，从而完成数据的传输。RFID 系统中包括两类天线，一类是 RFID 标签上的天线，一般都和 RFID 标签集成在一起；另一类是读写器天线，既可以内置于读写器中，也可以通过同轴电缆与读写器的射频端口相连。

本章首先介绍天线的基本概念和电参数；然后介绍天线在 RFID 系统中的应用与设计现状，并对不同频段的 RFID 天线进行重点阐述。

3.1　天线概述

天线是任何无线电系统必不可少的组件，其功能是发射或者接收无线电波。日常生活中使用到天线的例子有很多，例如对讲机就是用对讲机天线来完成电信号在空间的传输，移动电话、收音机等也都必须通过天线才能接收到信号。天线在无线通信系统中起着重要作用，天线的发明也使得电磁频谱成为人类可重复使用的关键资源。

3.1.1　天线的定义

天线是一种用金属导线、金属面或者其他材料构成一定形状，架设在一定空间，以电磁波形式发射或接收射频信号的装置。

在 RFID 系统中，以读写器向标签传输数据为例，如图 3-1 所示，由读写器（发射机）产生高频振荡能量，经过传输线（在天线领域，传输线也称为馈线）传输到发射天线，然后以电磁波形式向预定方向辐射。接收天线则将接收到的电磁波能量通过馈线送到标签（接收机），完成无线电波传输的过程。

图 3-1   RFID 无线通信

3.1.2   天线的分类

天线的种类很多，可以按照多种方式进行分类。

- 按照工作性质分类：发射天线、接收天线和收发共用天线。
- 按照波段分类：长波天线、中波天线、短波天线、超短波天线和微波天线等。
- 按照结构分类：线状天线、面状天线、缝隙天线和微带天线等。
- 按照用途分类：广播天线、通信天线、雷达天线、导航天线和 RFID 天线等。

3.2   基本振子的辐射

每种天线都可以分割为无限多个基本元，即基本振子，这些基本元上载有交变电流或交变磁流，每一个基本元上的电磁流的振幅、相位和方向均假设是相同的。天线可以看成是由这些基本元按一定的结构形式连接而成的。基本元是一种基本的辐射单元，根据基本元的辐射特性，按电磁场的叠加原理即可得出各类天线的辐射特性。基本元的类型可以分为三类：一类是电流元，载有交变电流，称为电基本振子；第二类为磁流元，载有交变磁流，称为磁基本振子，磁基本振子的辐射场可从电基本振子的辐射场对偶得出；第三类为面基本元，面基本元是构成面天线的基本单元，依据等效原理可将面元上的磁场与电场分别用等效电流元和等效磁流元来代替，从而利用电基本振子和磁基本振子的结果得出面基本元的特性。RFID 天线主要由电基本振子和磁基本振子构成。

3.2.1   电基本振子的辐射

电基本振子也称为电偶极子，是为分析天线而抽象出来的天线最小构成单元。图 3-2 所示为一个电基本振子。该电基本振子在球坐标原点沿 z 轴放置，是一段长度 l 远小于波长 λ 的细短导线。导线上所有点的电流振

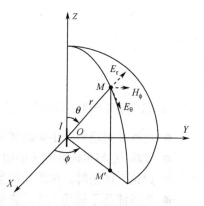

图 3-2   球坐标系统下的电基本振子

幅和相位均被认为是恒定的，即电流是等幅同相分布。电磁场在各向同性、理想均匀的自由空间中的表达式为

$$
\begin{cases}
E_r = \dfrac{\eta Il}{2\pi r^2}\left(1 + \dfrac{1}{jKr}\right)\cos\theta\, e^{-jKr} \\[2mm]
E_\theta = j\eta\dfrac{KIl}{4\pi r}\left(1 + \dfrac{1}{jKr} - \dfrac{1}{K^2 r^2}\right)\sin\theta\, e^{-jKr} \\[2mm]
E_\varphi = 0 \\[1mm]
H_r = H_\theta = 0 \\[1mm]
H_\varphi = j\dfrac{KIl}{4\pi r}\left(1 + \dfrac{1}{jKr}\right)\sin\theta\, e^{-jKr}
\end{cases}
\tag{3.1}
$$

式中，r、θ、φ 是球坐标的三个自变量，r 为坐标原点至观察点 M 的距离，θ 为线段 OM 与振子轴（z 轴）之间的夹角，φ 为 OM 在 xOy 平面上投影 OM′ 与 x 轴间的夹角，I 是电流振幅，l 是振子长度，$K = 2\pi/\lambda$ 称为空间中的波数，$\eta = \sqrt{\mu/\varepsilon}$（$\mu$ 为磁导率，ε 为介电常数）称为波阻抗。

从式（3.1）中可见，电场和磁场是相互垂直的，电场仅有 E_r 和 E_θ 分量，磁场仅有 H_φ 分量。为了便于分析，以 Kr 的大小为标准，将电基本振子周围的空间分为 3 个区域，这 3 个区域分别是近区、远区和中间区，在这 3 个区域中，电场和磁场的表达式分别可以简化。

1. 近区场

近区场指 $Kr \ll 1$（即 $r \ll \lambda/2\pi$）的区域，在此区域 $(Kr)^{-1}$ 项相对于 $(Kr)^{-2}$ 项可忽略，并可认为 $e^{-jKr} \approx 1$，则式（3.1）中只保留 $1/r$ 的高次项，于是电基本振子的电场和磁场可以简化为

$$
\begin{cases}
E_r \approx -j\dfrac{Il}{2\pi r^3}\dfrac{1}{\varepsilon\omega}\cos\theta \\[2mm]
E_\theta \approx -j\dfrac{Il}{4\pi r^3}\dfrac{1}{\varepsilon\omega}\sin\theta \\[2mm]
H_\varphi \approx \dfrac{Il}{4\pi r^2}\sin\theta \\[2mm]
H_r = H_\theta = E_\varphi = 0
\end{cases}
\tag{3.2}
$$

在近距离的 RFID 系统中，应答器处于读写器线圈天线的近区场内，其特点如下。

● 电场和磁场的大小随距离 r 的增大而迅速减小。

● 磁场 H_φ 与电流元产生的磁场一致。

● 讨论近区场时，电流元相当于电偶极子，近区场称为准静态场。

● 电场滞后于磁场 $\pi/2$，能量没有向外辐射，因此近区场是束缚场。

讨论近区场时，忽略了 $1/r$ 的低次项，而这恰恰是在近区辐射的能量项，这说明近区有辐射，只不过辐射场远小于束缚场。

2．远区场

远区场指 $Kr>>1$（即 $r>>\lambda/2\pi$）的区域，在此区域 $(Kr)^{-2}$ 项相对于 $(Kr)^{-1}$ 项可忽略，故远区场可表示为

$$
\begin{cases}
E_\theta = j\dfrac{\eta Il}{2\lambda r}\sin\theta e^{-jKr} \\[2mm]
H_\varphi = j\dfrac{Il}{2\lambda r}\sin\theta e^{-jKr} \\[2mm]
E_r = H_r = H_\theta = E_\varphi = 0
\end{cases}
\tag{3.3}
$$

式中，η 是自由空间波阻抗，λ 是工作波长。

远区场具有如下特点。

（1）仅有 E_θ 和 H_φ 两个分量，两者相互垂直并与 r 方向垂直，E_θ 和 H_φ 两者在时间上同相，远区场能量向外辐射。

（2）电场和磁场都有因子 e^{-jKr}，说明等相位面为球面，辐射为球面波。

（3）电基本振子在远区场是一沿着径向向外传播的横电磁波。电磁能量离开场源向空间辐射不再返回，这种场称为辐射场。然而，在不同 θ 方向上，辐射强度不同，其强度系数为 $\sin\theta$，即方向性函数。

（4）对于电基本振子，与振子轴垂直的平面和磁场矢量平行，该平面称为 H 面；包含振子轴的平面（$\varphi=$常数）和电场矢量平行，该平面称为 E 平面。

3．中间区

介于天线远区和近区之间的区域称为中间区。由于中间区的情况在 RFID 系统中不常见，此处不再讨论。

3.2.2　磁基本振子的辐射

在稳态电磁场中，静止的电荷产生电场，恒定的电流产生磁场。那么，是否有静止的磁荷产生磁场，恒定的磁流产生电场呢？迄今为止还不能肯定在自然界中是否有孤立的磁荷和磁流存在，但是，引入这种假想的磁荷和磁流的概念，则可简化计算工作。

磁基本振子的一个实际模型是细小导体圆环，如图 3-3 所示，小电流环的辐射即磁基本振子的辐射场与电基本振子的辐射场有许多相似之处，其特点如下。

（1）小电流环和电基本振子的辐射场都是 TEM 波，都是球面波，都存在方向性函数 $\sin\theta$，小电流环和电基本振子的辐射场对偶，小电流环有 E_θ 和 H_φ 分量，电基本振子也有 E_θ 和 H_φ 分量，但两者极化方向不同。

（2）若用同样长度的导线做成上述两种天线，小环天线的辐射电阻要小得多，故小环天线经常被用作接收天线。

（3）若增加小环天线的匝数可以提高小环天线的辐射电阻。

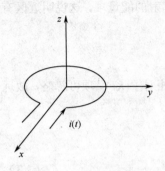

图 3-3　小电流环的磁基本振子

3.3　天线的电参数

天线的电参数是用来衡量天线性能指标的，是选择和设计天线的依据。天线的电参数主要包括天线的效率、有效长度、频带宽度、输入阻抗、增益系数、极化方向和方向图等。大多数天线的电参数是针对发射状态规定的，以衡量将高频电流能量转换成空间电磁波能量的能力，以及衡量天线定向辐射的能力。接收天线是将无线电波能量转化成高频电流能量，在天线的输入端产生电压，在接收回路中产生电流。可见，天线的发射与接收是互逆过程，同一天线收发的电参数性质相同。

3.3.1　天线的效率

天线的效率定义为天线的辐射功率 P_Σ 与输入功率 P_{in} 的比值，记为 η_A，即

$$\eta_A = \frac{P_\Sigma}{P_{in}} = \frac{P_\Sigma}{P_\Sigma + P_L} \tag{3.4}$$

式中，P_L 为损耗功率，包括天线导体的损耗和天线介质的损耗。

常用天线的辐射电阻 R_Σ 来度量天线辐射功率的能力。天线的辐射电阻定义如下：设有一电阻 R_Σ，当通过它的电流等于天线上的最大电流 I_m 时，其损耗的功率就等于其辐射功率。显然，辐射电阻的高低是衡量天线辐射能力的一个重要指标，即辐射电阻越大，天线的辐射能力越强。由上述定义得辐射电阻与辐射功率的关系为

$$p_\Sigma = \frac{1}{2} I_m^2 R_\Sigma \tag{3.5}$$

即辐射电阻为

$$R_\Sigma = \frac{2P_\Sigma}{I_m^2} \qquad (3.6)$$

仿照引入辐射电阻的办法，损耗电阻 R_L 为

$$R_L = \frac{2P_L}{I_m^2} \qquad (3.7)$$

将上述两式代入式（3.4）得天线的效率为

$$\eta_A = \frac{R_\Sigma}{R_\Sigma + R_L} = \frac{1}{1 + R_L/R_\Sigma} \qquad (3.8)$$

可见，要提高天线效率，应尽可能提高 R_Σ，降低 R_L。

3.3.2 输入阻抗

要使天线效率高，就必须使天线与馈线阻抗匹配，也就是要使天线的输入阻抗等于传输线的特性阻抗，这样才能使天线获得最大功率。

天线的输入阻抗就是天线输入端电压与电流的比值，式如（3.4）所示。天线的输入阻抗是一个重要的参数，它决定于天线本身的结构和尺寸，并与激励方式、工作频率、周围物体的影响等因素有关，直接决定了天线和馈线系统之间的匹配状态，对功率的有效传输有很大的影响。

$$Z_{in} = \frac{U_{in}}{I_{in}} = R_{in} + jX_{in} \qquad (3.9)$$

3.3.3 频带宽度

天线的电参数都与频率有关系，即天线的电参数通常是针对某一工作频率设计的。当工作频率偏离设计频率时，往往要引起天线参数的变化。实际上，天线也并非工作在点频，而是有一定的频率范围。当工作频率在一定范围内变化时，天线的有关电参数也不应超出规定的范围，这一频率范围称为天线的工作频带宽度，简称为天线的带宽。

根据天线的带宽的不同，天线可以分为窄频带天线、宽频带天线和超宽频带天线。通常，窄带天线的带宽用百分比表示，宽带天线的带宽用比值表示。

3.3.4 方向图

所谓天线方向图，是指在离天线一定距离处，辐射场的相对场强（归一化模值）随方向

变化的曲线图。天线方向图的特性参数有主瓣宽度、旁（副）瓣电平、前后比及方向系数等。

1. 主瓣宽度

天线的方向图由一个或多个波瓣构成，天线辐射最强方向所在的波瓣称为主瓣，主瓣宽度是衡量天线最大辐射区域尖锐程度的物理量。在主瓣最大值两侧，主瓣上场强大小逐渐下降，其左右各有一点的场强大小为最大场强的$1/\sqrt{2}$，这两点矢径之间的夹角称为半功率波瓣宽度，记为$2\theta_{0.5}$，即半功率波瓣宽度是主瓣半功率点之间的夹角，半功率波瓣宽度越窄，说明天线辐射的能量越集中，定向性越好。场强下降为零的两点矢径之间的夹角，称为零功率波瓣宽度，记为$2\theta_0$，如图 3-4 所示。波瓣宽度较窄，方向性越好，作用距离越远，抗干扰能力就越强，但天线的覆盖范围也就越小。实际中要根据不同的应用范围进行选择。

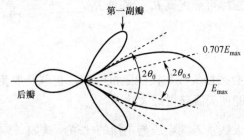

图 3-4　主瓣宽度与副瓣

2. 旁瓣电平

天线波瓣中除了主瓣以外其他的瓣，称为旁瓣或副瓣。旁瓣电平是指旁瓣最大值与主瓣最大值之比，记为 FSLL。

$$FSLL = 20\lg\frac{|E_2|}{|E_{\max}|}(\text{dB}) \tag{3.10}$$

式中，$|E_2|$为旁瓣电场最大值，$|E_{\max}|$为主瓣电场最大值。

天线方向图的旁瓣区是不需要辐射的区域，所以其电平应当尽可能地低，且一般天线方向图都有这样的规律：离主瓣越远的旁瓣的电平越低。因此，第一旁瓣电平的高低在某种程度上反映了天线方向性的好坏。另外，在天线的实际应用中，旁瓣的位置也很重要。

3. 前后比

前后比是指天线最大辐射方向（前向）电平与其相反方向（后向）电平之比，通常以分贝为单位。

4. 方向性系数

天线的方向性系数是指在离开天线某一距离处，天线在最大辐射方向上产生的功率密度，与天线辐射出去的能量被均匀分到空间各个方向（即理想无方向性天线）时的功率密度之比。对于无方向性大线（也称为理想点源辐射），方向系统等于 1，它只是一种抽象的数学模型。实际天线均有方向性，方向性系数越大，天线的方向性就越强。实际天线方向性系数的最低值为 1.5，对于某些强方向性天线，可达几万甚至更高。

3.3.5 天线的增益

天线的增益是指在输入功率相等的条件下，实际天线与理想辐射单元在空间同一点处所产生的信号的功率密度之比。天线的增益定量地描述了天线集中辐射输入功率的程度。天线的增益显然与天线方向有着密切的关系，方向图主瓣越窄，副瓣越小，增益就越高。可以这样来理解天线增益的物理含义：在一定距离的某点处产生一定大小的信号，如果用理想的无方向性电源作为发射天线，需要 100 W 的输入功率，而用增益为 $G=13$ dBi（dBi 是表示比较对象为各向均匀辐射的理想点源的单位）的某定向天线作为发射天线时，输入功率只需要 100/20 W=5 W。

换言之，与无方向性的理想电源相比，从最大辐射方向上的辐射效果来说，某天线的增益就是输入功率放大的倍数。半波对称振子的增益为 $G=2.15$ dBi；4 个半波对称振子沿垂线上下排列，构成一个垂直四元阵，其增益 $G \approx 8.15$ dBi。实际射频识别系统采用的天线增益有 4 dBi、6 dBi、8 dBi 和 11 dBi 等不同的数值。

当天线效率为 1 时，天线的增益就是该天线的方向性系数。天线增益和方向性系数的不同点是，天线增益是以输入功率为参考点的，而方向性系数是以辐射功率为参考点的。

3.3.6 极化特性

天线的极化特性是指在天线最大辐射方向上，电场矢量的方向随时间变化的规律。天线向周围空间辐射电磁波，电磁波由电场和磁场构成，电场的方向就是天线的极化方向。天线的极化方式分为线极化（水平极化和垂直极化）及圆极化（左旋极化和右旋极化）。不同的射频识别系统采用的天线极化方式可能不同，有些应用可以采用线极化的方式；但是由于在大多数场合标签的方位是不可知的，因而大部分系统采用圆极化方式来降低系统对标签方位的敏感性。

若接收天线与空间传来电磁波的极化形式一致，则称为极化匹配；否则称为极化失配。天线不能接收与其正交的极化分量，例如，垂直线极化天线不能接收水平线极化波。接收天线要求保持与发射天线极化匹配，例如，圆极化天线不能接收与其旋向相反的圆极化波。如果接收天线不保持与发射天线极化匹配，即极化失配，可以采用"极化失配因子"来衡量这种失配，"极化失配因子"的值在 0 到 1 之间。

在实际使用中，当收发天线固定时，通常采用线极化天线。但当收发天线的一方剧烈摆动时，收发要采用圆极化天线，RFID常采用圆极化天线。另外，收发天线需要与主辐射方向对准，并且保持极化方向一致。

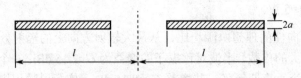

3.4　RFID系统常用天线

由于各种天线的电参数都有所差别，因此并不是所有天线都适合用于RFID系统。RFID系统常用的天线有对称振子天线、微带天线、天线阵，以及其他一些种类的天线。

3.4.1　对称振子天线

对称振子天线的结构如图3-5所示，它由两段直导线构成，长度为l，半径为a。对称振子是一种应用广泛的基本线形天线，它既可以单独使用，又可以作为天线阵的单元。

图 3-5　对称振子天线的结构

1. 对称振子天线的辐射场与方向

对称振子天线又称为偶极子天线，它的场可以认为由许多小段基本振子的场叠加而成。对称振子天线的辐射场只有E_θ分量，为线极化波。对称振子天线的方向性函数仅与θ有关，而与φ无关。因此，对称振子天线在H面的方向图是一个圆，与振子的电长度l/λ无关。

图3-6所示为4种不同长度对称振子的电流分布及E面归一化方向图。

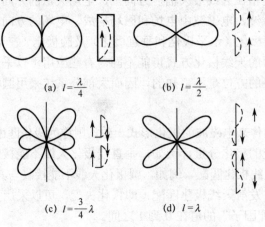

$$(a)\ l=\frac{\lambda}{4} \qquad (b)\ l=\frac{\lambda}{2}$$

$$(c)\ l=\frac{3}{4}\lambda \qquad (d)\ l=\lambda$$

图 3-6　对称振子电流分布及方向性

对称振子的方向图的特点有：

- 当 $l \leqslant \lambda/2$ 时，方向图都是∞字，没有副瓣；
- 当 $l=3\lambda/4$ 时，不仅出现副瓣，而且最大辐射方向不在垂直于振子轴的平面内；
- 当 $l=\lambda$ 时，在垂直于振子轴的平面内完全没有辐射。

在实际应用中不希望出现副瓣，故常采用 $l=\lambda/4$ 和 $l=\lambda/2$ 的对称振子天线，前者天线总长度为半波长，也称为半波振子天线，而后者称为全波振子天线。

2. 对称振子天线的输入阻抗

对称振子天线的输入阻抗，工程上常采用"等效传输线法"计算。这种方法将对称振子看成终端开路的双线传输线，再利用传输线的输入阻抗公式来计算对称振子的输入阻抗。

对称振子天线的输入阻抗 $Z_{in}=R_{in}+jX_{in}$ 的特点如下。

- R_{in} 与 X_{in} 既与 l/λ 有关，也与特性阻抗 Z_0 有关。
- 特性阻抗 Z_0 随天线的粗细而变，天线越粗，天线的特性阻抗 Z_0 越小。
- 天线越粗，Z_0 越小，R_{in} 与 X_{in} 的变化则越缓慢，越容易实现宽频带阻抗匹配。

3.4.2 引向天线

引向天线又称为八木天线，是一种广泛应用于米波和分米波的天线。引向天线是一个紧耦合寄生的振子端射阵，其结构如图 3-7 所示，它由一个有源振子（通常是半波振子，如单元 1）、一个反射振子（稍长于有源振子，如单元 0）和若干个引向器（稍短于有源振子，如单元 2~N）构成，除有源振子通过馈线与信号源或接收机连接之外，其余振子均为无源振子。

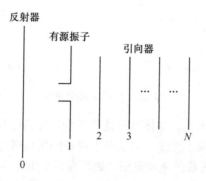

图 3-7　引向天线的结构

引向天线的特点是增益为由低到中等，输入阻抗为实数，频带较窄。

3.4.3　微带天线

微带天线主要应用于微波波段，它具有体积小、重量轻、能与载体共形、制造成本低等特点，因此得到广泛重视。目前，微带天线在卫星通信、雷达、武器制导、便携式无线电设备和 RFID 等领域都有应用。

微带天线由一块厚度远小于波长的介质板（称为介质基片）和覆盖在它上、下两个面的金属片构成。其中，下面完全覆盖介质板的金属片称为接地板；上面的金属片如果尺寸可以和波长相比拟，则称为辐射元；如果上面的金属是长窄带，就构成了微带传输线。微带天线的形式灵活多样，如图 3-8 所示。

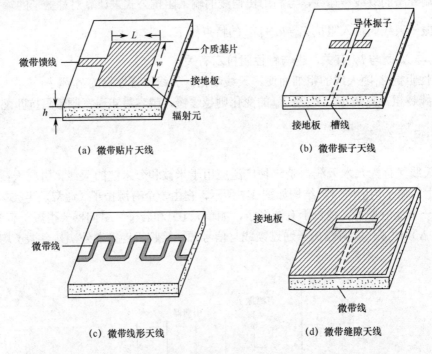

(a) 微带贴片天线　　　　　　　　　(b) 微带振子天线

(c) 微带线形天线　　　　　　　　　(d) 微带缝隙天线

图 3-8　微带天线的形式

图 3-8（a）为微带贴片天线，导体贴片通常是规则性的面积单元，如矩形、圆形或圆环薄片等；图 3-8（b）为微带振子天线，它是一个窄长的条状薄片振子（偶极子）；图 3-8（c）为微带线形天线，它利用微带线的某种变形（如弯曲、直角弯头等）来形成辐射；图 3-8（d）为微带缝隙天线，它利用接地板上开的缝隙，由介质基片另一侧的微带线或者其他馈线对其馈电。

3.5 不同频段的 RFID 天线技术

不同的 RFID 系统使用的工作频率并不相同,因此天线的选择也有所不同,常用的 RFID 系统有低频(LF)RFID 系统、高频(HF)RFID 系统和微波系统等,不同频段的 RFID 系统也就对应着不同的 RFID 天线。

3.5.1 低频和高频 RFID 天线技术

低频系统的工作频率范围为 30~300 kHz,RFID 常用的低频工作频率有 125 kHz 和 134.2 kHz。低频系统的特点是电子标签外形多样,但电子标签内保存的数据量较少,阅读距离较短,读写器天线方向性不强。高频系统的工作频率范围为 3~30 MHz,RFID 常用的高频工作频率有 6.75 MHz、13.56 MHz 和 27.125 MHz。高频系统的特点是可以传输较大的数据,是目前应用比较成熟、使用范围较广的系统。

在低频和高频频段,读写器与电子标签基本都采用线圈天线,线圈之间存在互感,使一个线圈的能量可以耦合到另一个线圈,因此读写器天线与电子标签天线之间采用电感耦合的方式工作。读写器天线与电子标签天线是近场耦合,电子标签处于读写器的近区,当超出上述范围时,近场耦合便失去作用,开始过渡到远距离的电磁场;当电子标签逐渐远离读写器,处于读写器的远区时,电磁场将摆脱天线,并作为电磁波进入空间。本节所讨论的低频和高频 RFID 天线,是基于近场耦合的概念进行设计。

低频和高频 RFID 天线的构成方式各种各样,圆形、矩形等各种样式都有,并且可以采用不同的材料。图 3-9 所示为几种实际 RFID 低频和高频天线,从中可以看到各种 RFID 天线的结构。

(a) 矩形环天线　　　　(b) 圆形环天线　　　　(c) 柔软基板的天线　　　　(d) 批量生产的标签

图 3-9　RFID 低频和高频天线

由图 3-9 可看出,低频和高频 RFID 天线有以下特点。

- 天线都采用线圈的形式；
- 线圈的形式多样，可以是圆形环，也可以是矩形环；
- 天线的尺寸比芯片的尺寸大很多，电子标签的尺寸主要是由天线决定的；
- 有些天线的基板是柔软的，适合粘贴在各种物体的表面；
- 由天线和芯片构成的电子标签，可以比拇指还小，可以实现在条带上批量生产。

3.5.2 微波 RFID 天线技术

微波系统的工作频率大于 300 MHz，射频识别常用的微波工作频率是 433 MHz、860/960 MHz、2.45 GHz 和 5.8 GHz 等，其中 433 MHz、860/960 MHz 也常称为超高频（UHF）频段。微波 RFID 技术是目前 RFID 技术最为活跃和发展最为迅速的领域，微波 RFID 天线与低频、高频 RFID 天线相比有着本质上的不同。微波 RFID 天线采用电磁辐射的方式工作，读写器天线与电子标签天线之间的距离较远，一般会超过 1 m，典型值为 1～10 m；微波 RFID 的电子标签较小，天线的小型化成为标签设计的重点；微波 RFID 天线形式多样，可以采用对称振子天线、微带天线、阵列天线和宽带天线等；微波 RFID 天线要求低造价，因此出现了许多天线制作的新技术。

1. 微波 RFID 天线的结构

微波 RFID 天线结构多样，是物联网天线的主要形式，可以应用在制造、物流、防伪和交通等多种领域。图 3-10 给出了几种实际 RFID 微波天线的实例，可以看到不同微波 RFID 天线的结构，以及与天线相连的芯片。

微波 RFID 天线具有如下特点。

- 微波 RFID 天线的结构多样。
- 很多电子标签天线的基板是柔软的，适合粘贴在各种物体的表面。
- 天线的尺寸比芯片的尺寸大很多，电子标签的尺寸主要是由天线决定的。
- 由天线和芯片构成的电子标签，很多是在条带上批量生产。
- 由天线和芯片构成的电子标签尺寸很小。
- 有些天线提供可扩充装置，来提供短距离和长距离的 RFID 电子标签。

2. 微波 RFID 天线的选择

当 RFID 天线的工作频率增加到超高频和微波区域时，天线和电子标签芯片之间的匹配问题就变得非常严重。天线的目标是传输最大的能量给标签芯片，以便标签充电和工作。天线的设计要求仔细地设计天线的各种参数，以便与其相连的电子标签芯片获得最佳匹配。在微波 RFID 天线的设计中，不但需要考虑天线采用的材料、天线的尺寸，以及天线的作用距离等，还需考虑频带宽度、方向性和增益等电参数。微波 RFID 天线主要采用偶极子天线、微带天线、非频变天线和阵列天线等，下面将对比几种可用作超高频（UHF）天线的天线。

（a）微波 RFID 天线内部

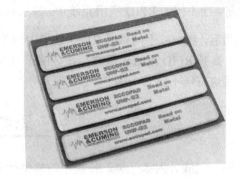

（b）UHF 标签和天线

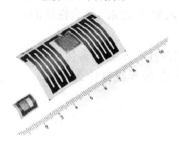

（c）天线尺寸

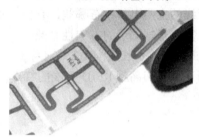

（d）批量生产的标签和天线

图 3-10　微波 RFID 天线

表 3-1　可选为超高频天线的几种天线

天　　线	模式类型	自由空间带宽/%	尺寸（波长）	阻抗/Ω
双偶极子	全向	10～15	0.5	50～80
折叠偶极子	全向	15～20	0.5×0.05	100～300
印刷偶极子	方向性	10～15	0.5×0.5×0.1	50～100
微带面阵	方向性	2～3	0.5×0.5	30～100
对数螺旋	方向性	100	0.3 高×0.25 底直径	50～100

3.6　本章小结

本章首先介绍了天线的基本工作原理，并对天线的研究要点和天线的电参数做了详细讲解。天线的电参数是衡量天线性能的重要指标，主要包括有天线的频带宽度、效率、输入阻抗、极化特性、增益系数及方向图等，其中天线的方向图是研究天线必不可少的环节，天线的主瓣与副瓣的分布是天线辐射特性的最主要体现，代表了天线的辐射性能。

其次，本章还介绍了常用于 RFID 系统的几种天线，如对称振子天线、引向天线、微带天线等。在不同的 RFID 应用系统中，应选择合适的天线，以便能最大限度地实现系统功能。

最后，我们就不同频段 RFID 系统中的天线技术进行了讲解，RFID 系统分为低频 RFID 系统、高频 RFID 系统和微波系统，由于天线频段的要求，不同频段的 RFID 系统所需用到的天线也有所不同。

思考与练习

（1）天线分为哪几类？各类中的典型代表有哪些？

（2）磁基本振子和电基本振子各有什么特点？

（3）天线的主要电参数有哪些，它们分别是用来衡量天线的什么性能的？

（4）计算电基本振子的方向性系数。

（5）长度为 $\lambda/4$ 和长度为 $\lambda/2$ 的对称振子分别叫做什么？它们有何特点？

（6）简述低频和高频 RFID 天线的特点，它们与微波天线有什么区别。

第 **4** 章

物联网 RFID 系统概论

射频识别（Radio Frequency Identification，RFID）技术是一种非接触式的自动识别技术，通过射频信号的空间耦合实现非接触式的信息传输，从而达到识别的目的。在物联网中，物品能够彼此进行"交流"，其实质就是利用射频自动识别（RFID）技术。RFID 技术与互联网、通信等技术相结合，可实现全球范围内的物品跟踪与信息共享。

RFID 作为一种突破性技术，它不仅涵盖了微波技术与电磁学理论，还包括了通信原理及半导体集成电路技术，是一个多学科综合的新兴学科。RFID 技术在物联网领域具有深远意义。

4.1 自动识别技术简介

识别也称为辨识，是指对不同事物差异的区分。自动识别通常指采用机器进行识别的技术，其目的是提供个人、动物、货物、商品和图文等信息。自动识别技术包括条形码、生物特征识别、射频识别等。

4.1.1 条形码

1. 条形码的概念

条形码（条码）是由一组按照一定规则排列的条、空和相应的数字组成，用以表示一定信息的图形标识符。这种利用条、空组成的数据编码可以供机器识读，而且很容易译成二进制数和十进制数，如图 4-1 所示，这些条和空有各种不同的组合方式，构成不同的图形符号，即各种符号体系（也称为码制），适用于不同的应用场合。

条形码种类很多，常见的大约有 20 多种码制，其中包括 Code39 码、Codabar 码、Code25 码、UPC-A 码、EAN-13 码、中国邮政码、ISBN 码、ISSN 码等一维码，以及 PDF417 等二维码。条形码可以用来标注物品的生产国、制造厂家、商品名称、生产日期、图书分类号、邮件起止地点、类别、日期等许多信息，因而在商品流通、图书管理、邮政管理、银行系统等许多领域都得到了广泛的应用。条形码在全球的推广加快了全球流通领域信息化、现代物流及电子商务的发展进程，提升了整个供应链的效率，为全球经济及信息化的发展起到了举足轻重的推动作用。

图 4-1　商品条形码

2．条形码的工作原理

将条形码转换成有意义的信息需要经历扫描和译码两个过程。根据工作原理的差异，扫描器可以分为光笔、CCD、激光三种。当条形码扫描器光源发出的光在条形码上反射后，反射光照射到条形码扫描器内部的光电转换器上，光电转换器根据反射光信号强弱的不同，转换成相应的电信号。电信号输出到条形码扫描器的放大电路增强信号之后，再送到整形电路将模拟信号转换成数字信号，根据条和空的宽度不同，相应转换的电信号持续时间长短也不同。然后译码器通过测量脉冲数字电信号 0 和 1 的数目来判别条和空的数目，通过测量 0 和 1 信号连续的个数来判别条和空的宽度。但此时所得到的数据仍然是杂乱无章的，要知道条形码所包含的信息，还需根据对应的编码规则（如 Code39 码、Codabar 码等），将条形符号换成相应的数字和字符信息。最后，这些信息由计算机管理系统进行相应数据处理，物品的详细信息就可以被识别了。

3．条形码的优缺点

条形码具有以下优点。

- 条形码易于制作，对印制设备和材料无特殊要求，成本低廉，易于推广；
- 条形码采用激光读取信息，数据输入速度快，识别可靠准确；
- 识别设备结构简单、操作容易，无须专门训练。

但条形码也存在如下缺点。

- 条形码必须对着扫描仪才能成功读取条形码信息；
- 如果印有条形码的横条或者标签被撕裂、无损或者脱落，就无法识别这些商品；

● 条形码只能识别制造商和产品类别，而不是某一件具体唯一的商品。例如，某品牌某系列的纯牛奶盒上的条形码都是相同的，无法通过条形码来辨别哪一盒牛奶将过保质期。

4.1.2 生物特征识别技术

生物特征识别技术主要是指通过人的生理特征和行为特征对其身份进行识别的技术，它是随着计算机科学技术的不断发展，特别是计算机图像处理和模式识别等学科的发展而逐步形成的一种独特的技术，通常有语音识别、指纹识别、人脸识别、虹膜识别等。

1．语音识别

语音识别作为一个跨学科的技术，是在人们几个世纪以来对语言学、声学、生理学和自动机理论研究的基础上发展而来的。

语音识别的原理是：将说话人的声音变成数字信号，将其声音特征与已存储的某说话人的参考语音进行比较，以确定这段话是否为已存储语音信息的某个人的声音，借此证实说话人的身份。

2．指纹识别

指纹识别在各类生物识别方法中是应用较早的。人类手指上的条状纹路通常由交替出现的宽度大致相同的脊和谷组成，指纹识别技术通过分析指纹的全局和局部特征，从中抽取特征值进行比对识别。

目前，指纹采集与比对系统已经广泛应用，数字信号处理器的发展也促进了指纹识别技术的迅速发展。

3．人脸识别

人脸识别认证是通过将已经存储的人脸图像与人的面部特点和表情的分析比较，达到自动识别的目的。因为人脸识别非侵犯性好、安全性高、应用环境广泛等特性，在身份认证方面具有独特的优势。基于人脸识别的身份认证系统的优点主要有：可有效防止冒名顶替行为，由于活体身份认证，不是对应人员则无法通过身份认证；提高身份认证准确性，验证时间小于 1 s，人脸识别认假率可低于 0.001%。

4.1.3 射频识别（RFID）

1．射频识别概念

射频识别系统的识别信息存储在电子载体（标签）之中，通过无线电波实现非接触的识别过程。RFID系统以电子标签来标识某个物体，电子标签的天线通过电磁场将物体的数据发射到附近的读写器，读写器对接收到的数据进行收集和处理，然后将得到的数据递交给后端的计算机（PC）。一种典型的物联网RFID结构如图4-2所示，其中最主要的部分包括电子标签和读写器（电子标签和读写器都附带有天线）。

图4-2　物联网RFID结构示意图

2. 射频识别发展历程

RFID在历史上的首次应用可以追溯到第二次世界大战期间。在1942年的一次战役，德军占领的法国海岸线离英国只有25英里，英国空军为了识别返航的飞机，就在盟军的飞机上装备了一个无线电收发器。当控制塔上的探询器向返航的飞机发射一个询问信号后，飞机上的收发器收到这个信号后，回传一个信号给探询器，探询器根据接收到的回传信号来识别敌我。这是有记录的第一个RFID识别系统。

到了20世纪70年代末期，美国政府通过Los Alamos科学实验室将RFID技术推广到民用领域。20世纪80年代，美国和欧洲的几家公司开始生产电子标签。RFID技术被广泛应用于各个领域，从门禁管制、牲畜管理，到物流管理，皆可见其踪迹。20世纪90年代末，随着RFID应用的扩大，为保证不同RFID设备和系统相互兼容，人们开始认识到建立一个统一的RFID技术标准的重要性，EPCGlobal就应运而生了。进入21世纪，RFID标准初步形成，极大地推动了RFID的研究和应用。

RFID系统在识别的基础上可以完成收费、显示、控制、信息传输、数据整合、存储和挖掘等功能，因此RFID应用领域广泛，而且每种应用的实现都会形成一个庞大的市场。目前，RFID在票务系统、收费卡、城市交通管理、安检门禁、物流、食品安全追溯、矿井生产安全、防盗、防伪、证件、生产自动化、商业供应链等众多领域获得了广泛重视和应用。

3. 射频识别的优势

在RFID实际应用中，电子标签附着在待识别物体的表面，其中保存着约定格式的电子数据。读写器可非接触地读取并识别标签中所保存的电子数据，从而达到自动识别物体的目的。读写器通过天线发送出一定频率的射频信号，当标签进入磁场时产生感应电流从而获得能量，发送出自身编码信息，被读写器读取并解码后送至电脑主机进行相关处理。可见，RFID 系统将电子标签附在商品上，显示出了比条形码更大的优势。

- RFID 可以识别单个非常具体的物体，而条形码仅能够识别物体的类别。例如，条形码可以识别这是某品牌的瓶装白酒，但是不能分出是哪一瓶。
- RFID 采用无线电射频，可以透过外部材料读取数据，而条形码是靠激光来读取外部数据的。
- RFID 可以同时对多个物体进行识别（即具有防碰撞能力），而条形码只能一个一个地读取。
- RFID 的电子标签可存储的信息量大，并可进行多次改写。
- RFID 易于构建网络应用环境，对于商品货物而言，可构建所谓的物流网。

4.2 射频识别系统组成

RFID 系统因应用不同其组成会有所不同，但基本都是由读写器和电子标签组成的，在应用中通常还包含上层的管理系统（或称为系统高层）。电子标签和读写器都装有天线，电子标签所需要的能量可从读写器的射频场内取得（无源标签）或自带电源（有源标签）。RFID 中的主要部件及其作用如表 4-1 所示。

表 4-1　RFID 中的主要部件及其作用

部 件 名 称	作　　用
读写器（Reader）	读取（有时还可以写入）电子标签信息的设备，配有天线
电子标签（Tag）	由天线及芯片组成，每个标签都有一个全球唯一的 ID 号码（UID），UID 是在制作芯片时放在 ROM 中的，无法修改。标签附着在物体上标识目标对象
上层管理系统	与 RFID 系统中的读写器进行交互，同时管理 RFID 系统中的数据，并根据应用需求实现不同的功能或提供相应的接口

1. 读写器（Reader）

读写器是读取或写入电子标签信息的设备，也可称为阅读器。读写器一般由射频信号发射单元器、高频接收单元和控制单元组成。此外，许多读写器还有附加的接口（如 RS-232、USB），以便将获得的数据传输给另外系统做进一步的处理或存储。

在 RFID 系统工作时，一般先由读写器发射一个特定的询问信号，当电子标签感应到这个信号后给出应答信号。读写器接收到电子标签的应答信号后对其进行处理，然后将处理后的信息返回给外部主机。

鉴于读写器在 RFID 系统中的重要性，本书第 6 章将具体介绍读写器。

2．电子标签（Tag）

电子标签是射频识别系统的数据载体，存储着被识别物品的相关信息，通常置于需要识别的物品上。标签主要由天线及 IC 芯片构成，根据电子标签供电方式的不同，电子标签可以分为无源标签和有源标签。

射频识别系统中的读写器和电子标签均配备天线。天线用于产生磁通量，而磁通量用于向无源标签提供能量并在读写器和标签之间传输信息。

鉴于电子标签在 RFID 系统中的重要性，本书第 5 章将具体介绍电子标签。

3．上层管理系统

上层管理系统管理 RFID 系统中的多个读写器，通常它可以通过一定的接口向读写器发送命令。在实际应用中，上层管理系统还包含有数据库，存储和管理 RFID 系统中的数据。同时，根据不同的应用需求提供不同的功能或相应接口。

4.3　RFID 系统的分类

根据射频识别系统的特征，可以将射频识别系统进行多种分类，如表 4-2 所示。射频识别系统按照工作方式不同可以分为全双工系统、半双工系统和时序系统三大类；根据标签内是否有电池为其供电，可将其分为有源系统和无源系统两大类；根据读取电子标签数据的技术实现手段，又可将其分为广播发射式、倍频式和反射调制式三大类。

表 4-2　射频识别系统的特征及其分类

系 统 特 征	系 统 分 类		
工 作 方 式	全双工系统	半双工系统	时 序 系 统
标签数据量	1 比特系统	多比特系统	—
可否编程	可编程系统	不可编程系统	—
控制逻辑	状态机系统	微处理器系统	—
能量供应	有源系统	无源系统	—
工作频率	低频系统	中高频系统	微波系统
数据传输	电感耦合系统	反向散射耦合系统	
读取信息手段	广播发射式	倍频式	反射调制式
作用距离	密耦合系统	遥耦合系统	远距离系统

1．按照工作方式进行分类

（1）全双工系统。在全双工系统中，数据在读写器和电子标签之间的双向传输是同时进行的，并且从读写器到电子标签的能量传输是连续的，与传输的方向无关。其中，电子标签发送数据的频率是读写器频率的几分之一，即采用分谐波或一种完全独立的非谐波频率。

（2）半双工系统。在半双工系统中，从读写器到电子标签的数据传输和从电子标签到读写器的数据传输是交替进行的，并且从读写器到电子标签的能量传输是连续的，与数据传输的方向无关。

（3）时序系统。在时序系统中，从电子标签到读写器的数据传输是在电子标签的能量供应间歇时进行的，而从读写器到电子标签的能量传输总是在限定的时间间隔内进行。这种时序系统的缺点是在读写器发送间歇时，电子标签的能量供应中断，这就要求系统必须有足够大容量的辅助电容器或辅助电池对电子标签进行能量补偿。

2. 按照电子标签的数据量进行分类

（1）1比特系统。1比特系统的数据量为1 bit，该系统中读写器能够发送0、1两种状态的信号，针对在电磁场中有电子标签和在电磁场中没有电子标签两种情况。这种系统对于实现简单的监控或者信号发送功能是足够的。因为生产1比特电子标签不需要电子芯片，所以1比特电子标签的价格比较便宜，主要应用在商品防盗系统中。

（2）多比特系统。与1比特系统相对应的就是多比特系统，该系统中电子标签的数据量通常在几个字节到几千个字节之间，电子标签的数据量主要由具体应用来决定。

3. 按照读取信息手段进行分类

在射频识别系统中，按照读写器读取电子标签内存储数据的技术实现手段，可将射频识别系统划分为广播发射式、倍频式和反射调制式三大类。

（1）广播发射式射频识别系统。广播发射式射频识别系统实现起来最简单。电子标签必须采用有源方式工作，并实时地将其存储的标识信息向外广播，读写器相当于一个只收不发的接收机。这种系统的缺点是电子标签必须不停地向外发射信息，会造成不必要的能量浪费和电磁污染。

（2）倍频式射频识别系统。倍频式射频识别系统实现起来则有一定难度，一般情况下，读写器发出射频查询信号，电子标签返回的信号载频为读写器发出的射频的倍频。这种工作模式对读写器接收处理回波信号提供了便利，但对于无源电子标签来说，电子标签将接收的射频能量转换为倍频回波载频时，其能量转换效率较低。提高转换效率需要较高的微波技巧，这就意味着更高的电子标签成本；同时，这种系统工作需占用两个工作频点。

（3）反射调制式射频识别系统。实现反射调制式射频识别系统首先要解决同频收发问题。在系统工作时，读写器发出微波查询信号，电子标签（无源）将部分接收到的微波能量信号整流为直流电，以供电子标签内的电路工作，另一部分微波能量信号将电子标签内保存的数据信息进行调制（ASK）后发射回读写器。读写器接收到发射回的调幅调制信号后，从中解析出电子标签所发送的数据信息。在系统工作过程中，读写器发出微波信号与接收反射回的幅度调制信号是同时进行的，发射回的信号强度较发射信号要弱很多，因此技术实现上的难点在于同频收发。

4.4 RFID 系统使用的频率

根据电子标签和读写器之间传输信息所使用的频率，RFID 系统常见的工作频率分为四种，即低频（LF）、高频（HF）、超高频（UHF）与微波，各个频率所使用的电子标签也各不相同。

1. 低频

低频 RFID 系统的工作频率为 30～300 kHz，采用电磁感应方式来进行通信。低频信号穿透性好，抗金属和液体干扰能力强，但难以屏蔽外界的低频干扰信号。一般来说，低频 RFID 标签读取距离短于 10 cm，读取距离跟标签大小成正比。低频 RFID 标签一般在出厂时就初始化好了不可更改的编码，不过一些低频标签也加入了写入和防碰撞功能。低频标签主要应用在动物追踪与识别、门禁管理、汽车流通管理、POS 系统和其他封闭式追踪系统中。

常用的低频标签一般具有以下性能。

● 通常都是近距离标签，距离为 10 cm 以下；
● 主要应用于短距离、数据量低的射频识别系统中；
● 价格很低，成本低廉；
● 一般为只读性，安全性不高，很容易复制完全相同的 ID 号，所以此类卡片一般用在安全性和成本要求不高的场合。

2. 高频

高频系统的工作频率为 3～30 MHz，射频识别常见的高频工作频率有 6.75 MHz、13.56 MHz 和 27.125 MHz。高频系统也采用电磁感应方式来进行通信，具有良好的抗金属与液体干扰的性能，读取距离大多在 1 m 以内。高频 RFID 标签传输速度较高，但抗噪声干扰性较差，一般具备读写与防冲突功能。现在高频 RFID 标签是 RFID 领域中应用最广泛的，如证、卡、票领域（二代身份证、公共交通卡、门票等），其他的应用还包括供应链的个别物品追踪、门禁管理、图书馆、医药产业、智能货架等。以 Mifare one 及其兼容卡为代表的射频卡占据了大部分市场。高频的电子标签按照 ISO 协议可以分为以下三种类型。

● ISO14443A：通信距离在 10 cm 以下，这种卡为逻辑加密卡，如果对安全性要求更高，则使用 CPU 卡。

- ISO14443B：中国的二代身份证就是采用 ISO14443B 协议的卡片，通信距离在 10 cm 以下。
- ISO15693：这种协议的卡片的优点是理论通信距离可以达到 1 m，通常的读写距离也在 10 cm 以下，可以用在物流管理上。

低频和高频 RFID 系统基本上都采用电感耦合识别方式，电感耦合方式的电子标签几乎都是无源的，这意味着电子标签工作的全部能量都要由读写器提供。由于低频和高频 RFID 的波长较长，电子标签基本都处于读写器天线的近区，电子标签通过电磁感应而不是通过辐射获得信号和能量的，因此电子标签与读写器的距离很近，这样电子标签可以获得较大的能量。低频和高频 RFID 电子标签与读写器的天线基本上都采用线圈的形式，两个线圈之间的作用可以理解为变压器的耦合，两个线圈之间的耦合功率的传输效率与工作频率、线圈匝数、线圈面积、线圈间的距离，以及线圈的相对角度等多种因素有关。

3．超高频

被动式超高频 RFID 标签工作频率为 860～960 MHz，主动式超高频 RFID 标签则工作在 433 MHz。在超高频频段，各个国家都有自己规定的频率，我国一般以 915 MHz 为主。超高频的优点就是距离远，最远可以达到 15 m。超高频 RFID 标签传输距离远，具备防碰撞性能，并且具有锁定与消除标签的功能。被动式超高频 RFID 标签有分别支持近场通信与远场通信两种。远场被动式 UHF 采用反向散射耦合方式进行通信，可以用蚀刻、印刷等工艺制作成不同的样式，其最大的优点是读写距离远，一般是 3～5 m，最远可达 10 m，但是由于抗金属与液体性差，所以较少用于单一物品的识别，主要应用于以箱或者托盘为单位的追踪管理、行李追踪、资产管理和防盗等场合。近场被动式 UHF 通信使用的天线与 HF 相类似，但线圈数量只需要一圈，而且采用的是电磁感应方式而非反向散射耦合方式，也具备 HF 的抗金属液体干扰的优点，其缺点是读取距离短，约为 5 cm，近场 UHF 通信主要应用于单一物品识别追踪，以取代目前 HF 的应用。

超高频的 ISO 标准主要以下面两种为主。

- ISO 18000-6B：这种标签包含 8 B 不可修改且唯一的 UID 号，包括 UID 在内共有 256 B 的内存，但是相对 ISO 18000-6C 标签，其价格较高。
- ISO 18000-6C：以 Gen2 电子标签为主，其优点是具有可以修改的 EPC 码，并且可以直接读取 EPC 码，而且价格便宜。

4．微波

微波 RFID 标签的主要工作频率为 2.45 GHz，有些则为 5.8 GHz，因为工作频率高，所以在各种频段的 RFID 标签中传输速度最大，但是抗金属液体能力最差。被动式微波 RFID 标签主要使用反向散射耦合方式进行通信，传输距离较远，如果要加大传输距离还可以改为主动式。由于传输速度快，微波RFID标签非常适合用于高速公路等收费系统。

四种不同工作频率RFID系统性能如表4-3所示。

表4-3　四种不同工作频率RFID系统性能比较

频　率	频　段	读取距离	优　点	缺　点	应　用
低频LF	30～300 kHz	<0.5 m	对于金属与液态环境反应最佳	速度慢、读取距离近	动物追踪管理、门禁管理
高频HF	3～30 MHz	<1 m	世界标准、相对低频速度快	读取距离近	智能卡、图书管理、门禁管理、智慧货架
超高频HF	300～1 000 MHz	3～10 m	速度快、读取距离远	对于金属与液体环境反应差	物流与国防、货柜、托盘追踪
微波	2.45 GHz、5.8 GHz	>10 m	传输速度快	通常需要有源	高速公路电子收费系统、铁路

4.5　本章小结

射频识别技术是无线电频率识别的简称，它与条形码、生物特征识别等都是自动识别家族中的重要成员，但RFID以非接触方式获得电子数据载体中的信息，应用更加灵活方便，可适用于身份、动物和物品识别等，应用领域更加广泛。

对于RFID系统来说，电子标签和读写器是必不可少的，前者是物品信息的载体，后者是电子标签和系统高层应用之间通信的桥梁。读写器和电子标签之间的耦合方式分为电感耦合和电磁反向散射耦合两种，电感耦合方式基于交变磁场，是近距离RFID系统采用的方式；电磁反向散射耦合方式基于电磁波的散射特性，是远距离RFID系统采用的方式。

RFID技术已经拥有较长的应用历史，而信息技术在各行业的广泛应用为RFID技术提供了更广阔的发展前景，物联网RFID的发展潜力非常巨大。

思考与练习

（1）RFID比条形码的优势有哪些？

（2）简要说明RFID系统的工作过程。

（3）RFID系统有哪些工作频段？比较它们各自的特点。

（4）简述RFID系统的组成部分及其功能。

（5）结合当前技术发展和实际应用需要，简述RFID的发展趋势。

第 **5** 章
电子标签

电子标签（Tag）又称为应答器、射频标签或射频卡，常简称为标签，是 RFID 系统中存储可识别数据的电子装置，在 RFID 系统中起着至关重要的作用。射频识别技术之所以能够被广泛地应用，根本原因在于 RFID 技术可以通过电子标签对物品进行非接触的自动识别。电子标签通常安装在被识别物体上，存储被识别对象的相关信息，可以通过读写器对电子标签存储器上的信息进行非接触式的读写操作。

5.1   智能卡与电子标签

智能卡（Smart Card）又称为集成电路卡（Integrated Circuit Card，IC 卡），内部带有微处理器和存储单元等部件。IC 卡的芯片具有写入和存储数据的能力，IC 卡存储器中的内容可以根据需要有条件地供外部读取，或供内部信息处理和判定之用。但在 IC 卡推出之前，磁卡由于技术普及基础好，已得到广泛的应用。

5.1.1   磁卡

磁卡是将具有信息存储功能的特殊材料涂印在塑料基片上，以液体磁性材料或磁条为信息载体，将宽 6～14 mm 的磁条压贴在卡片上制作而成的。

磁条上有三条磁道，前两条磁道为只读磁道，第三条磁道为读写磁道。根据 ISO 7811/2 标准规定，第一磁道能存储 76 个字母数字型字符，在首次被写磁后就变成只读的；第二磁道能存储 37 个数字型字符，同时也是只读的；第三磁道能存储 104 个数字型字符，是可读可写的，如银行卡用之记录账面余额等信息。磁卡的信息均保存在磁条中，如图 5-1 所示，只有与读卡设备接触才能读取信息。

由于磁卡的信息读写相对简单容易、使用方便、成本低，因而较早地获得了发展，并很快进入了多个应用领域，如金融、财务、邮电、通信、交通、旅游、医疗、教育、宾馆等。以美国为例，两亿多人口就拥有 10 亿张信用卡，消费额约为 4 695 亿美元。其中，相当部分的信用卡由磁卡制成，产生了十分明显的经济效益和社会效益。然而，IC 卡的出现，正挑着传统磁卡的地位。

图 5-1　磁卡及读卡器

5.1.2　IC 卡

IC 卡是超大规模集成电路技术、计算机技术和信息安全技术等发展结合的产物，它将集成电路芯片镶嵌于塑料基片的指定位置上，利用集成电路的可存储特性来保存、读取和修改芯片上的信息。在很多领域中，磁卡正在被大量的 IC 卡所代替。按照与外界数据传输的形式来分，IC 卡分为接触式和非接触式两种。

1．接触式 IC 卡

IC 卡的概念在 20 世纪 70 年代初就被提出来了，1976 年法国布尔公司首先创造出 IC 卡产品，很快这项技术就应用到金融、交通、医疗和身份证明等多个行业，它将微电子技术和计算机技术结合起来，给人们的生活和工作带来了便利。

接触式 IC 卡接口设备总体结构框图如图 5-2 所示，接触式 IC 卡的芯片金属触点暴露在外，该触点直接接入 IC 卡接口设备的 IC 卡适配器插座，从而实现与 IC 卡中的集成电路进行信息处理和交互。

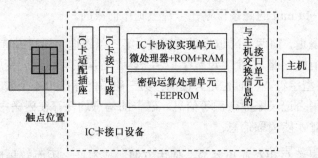

图 5-2　接触式 IC 卡接口设备总体结构框图

2．非接触式 IC 卡

非接触式 IC 卡的芯片全部封于卡内，无暴露部分。此外，在卡内还嵌有一个微型天线，以便嵌入的芯片与读卡器之间非接触地相互通信，它通过无线电波或电磁场感应来交换信息，成功地将射频识别技术和 IC 技术结合起来，解决了无源（卡中无电源）和非接触这两大难题，是电子器件领域的重大突破。

非接触式 IC 卡中存储的信息，通过无线数据通信可被自动采集到系统中。与接触式 IC 卡比较，非接触式 IC 卡（电子标签）具有以下优点。

（1）可靠性高：它与读写器之间无机械接触，避免了由于接触读写而产生的各种故障，如接触不良、粗暴插卡、芯片脱落、被击穿、弯曲损坏等。

（2）操作方便、迅速：由于非接触通信，读写器在 10 cm 范围内可以对卡片操作，非常方便用户的使用且能提高效率。

（3）防碰撞：非接触卡中有快速防碰撞机制，能防止卡片之间出现数据干扰，因此可以对多张卡进行并行处理，提高系统工作速度。

（4）可以适合于多种应用：该卡的存储结构特点使它能够实现一卡多用，通过密码和访问条件的设定，就能应用于不同的系统。

（5）加密性能好：非接触式 IC 卡的序列号是唯一的，由制造厂家固化而不可更改。卡中各扇区都有自己的操作密码和访问条件，卡与读写器之间采用双向验证机制，而且通信过程中所有数据都加密，所以它很适合电子钱包、公路自动收费系统和公交自动售票系统等应用。

5.1.3　电子标签

非接触式 IC 卡是一种典型的电子标签，如果改变非接触式 IC 卡的封装形式，则可呈现形式多样的外观（如线状标签、纸状标签、玻璃管标签、圆状标签等），统称为射频电子标签。电子标签内部芯片大致可以分为以下几类。

1．存储器标签

图 5-3 给出了存储器标签的内部结构。这种芯片的特点是没有微处理器单元，由地址和安全逻辑单元进行数据处理和访存操作。存储器包含有电可擦写可编程只读存储器（Electrically Erasable Programmable Read-Only Memory，EEPROM）和只读存储器（Read-Only Memory，ROM）。电子标签接收到的高频调制信号，在高频接口进行解调后经地址和安全逻辑单元进一步处理，或者进行访问存储器的操作。

存储器标签存储方便、使用简单、价格便宜，在很多场合可以替代磁卡，如医疗上用的急救卡、餐饮业的客户菜单卡等，常见的存储卡有 ATMEL 公司的 AT24C16、AT24C64 等。

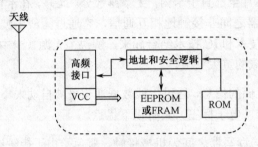

图 5-3　具有存储功能的电子标签

2．微处理器标签

微处理器电子标签中的集成电路包括中央处理器（Central Processing Unit，CPU）、EEPROM、随机存储器（Random Access Memory，RAM），以及固化在只读存储器中的片内操作系统（Chip Operating System，COS）。COS 用来控制命令序列、文件管理及执行加密算法等。如果收到有效命令，则执行与此应用命令有关的程序代码。如果需要访问 EEPROM 中的应用数据，则由文件管理系统和存储器专门执行。

CPU 卡的 CPU 一般为 8031/51 系列单片机的内核，也有采用其他内核的。这种卡进行密码校验时，密码是不以明文出现在通信线上的。CPU 卡适用于保密性要求高的场合，如金融卡、军事密令卡等。国际上比较著名的 CPU 卡提供商有 Gemplus、G&D、Schlumberger 等。

5.2　电子标签的类别

电子标签具有多种不同的设计、形状大小和工作频率，取决于标签所附着物体的物理属性和特定的应用场合。在射频识别系统中，电子标签应用数量很大，应用场合也多样化，组成、外形和特点也都各不相同。在进行电子标签选型时要考虑的因素有很多，下面主要从工作方式、可读写性、工作频率、和封装形式等不同角度介绍不同的电子标签。

5.2.1　工作方式类别

根据电子标签的工作方式不同，RFID 标签分为主动式、被动式和半主动式。一般来讲，无源系统为被动式，有源系统为主动式或半主动式。

主动式的射频系统利用自身能量主动发送数据给读写器，调制方式可为调幅、调频或调相。主动式标签自身具有内部电源供应器，用以供应芯片所需电能以产生对外的信号。一般来说，主动式标签读取距离比较长，可以达到几十米甚至上百米，但是存在寿命有限、

体积较大以及成本较高等缺陷。有源标签一般在集装箱的电子标签中应用比较多。

被动式电子标签内部没有供电电源。当无源电子标签进入读写器的工作区域后，受到读写器发出射频信号的激励，前提是要求电子标签与读写器在一定的距离内，读写器能提供电子标签足够的射频场强，从而保证标签进入正常工作状态。由于被动式标签具有价格低廉，体积小巧，无须电源的优点，目前市场的 RFID 标签主要是被动式的。

主动式标签和被动式标签的比较如表 5-1 所示。

表 5-1　主动式标签和被动式标签的比较

规　　格	主动式标签	被动式标签
能量来源	自身电源供电	通过电磁感应获取
工作距离	可达 100 m	可达 3～5 m，一般为 10～40 cm
信号强度要求	低	高
价格	高	低
工作寿命	2～4 年	更长
存储容量	16 KB 以上	通常小于 128 B

半主动式电子标签也带有电池，但只起到为标签内部数字电路供电的作用，标签并不通过自身能量主动发送数据，只有被读写器的能量激活后，才能通过反向散射调制方式传输自身数据。

5.2.2　可读写性类别

根据可读写性，电子标签可以分为只读电子标签、一次写入只读（Write Once Read Only）电子标签、读写电子标签、利用片上传感器实现的可读写电子标签和利用收发信机实现的可读写电子标签。

（1）只读电子标签。这是一种最简单类型的电子标签，它的内部通常只有只读存储器（Read Only Memory，ROM）来存储标识信息（ID），并且 EPC 是由制造商在制造过程中写入的，此后便不可更改。只读电子标签也可用作电子防盗器的标签，这些标签甚至可以没有 ID 号，只要它们在通过读写器的时候，能够被读写器监测到。

（2）一次写入只读（Write Once Read Only）电子标签。这种标签内部只有 ROM 和 RAM，ROM 用于存储系统程序和安全性要求高的数据，它与内部的处理器或逻辑处理单元共同完成内部的操作控制功能。只读电子标签的 ROM 中还存储了标签的标识信息（ID），这些信息在标签制造过程中由制造商写入，也可以由用户自己写入，但是一旦写入之后就不能修改了。

（3）读写电子标签。这是一种非常灵活的标签，用户可以对标签的存储器进行读写操作，其内部含有可编程记忆存储器，这种存储器除了有存储信息的功能外，还可以在适当的条件下由用户写入数据。例如，EEPROM 就是比较常见的一种，这种存储器可以在加电的情况下，实现对原来数据的擦除和数据的重新写入。

（4）利用片上传感器实现的可读写电子标签。这种标签包含有一个片上传感器，用户可以用来记录参数（如温度、压力、加速度等），并将其写入标签存储器（通常是可编程记忆存储器，如 EEPROM）。因为这种标签的工作环境并不在读写器的工作范围之内，因此必须是主动式或者半主动式。

（5）利用收发信机实现的可读写电子标签。这种标签类似于一个小的发射接收系统，可以和其他标签或器件进行数据通信，而无须读写器的参与，并可以把相关信息通过可编程的方式写入到自身的可编程存储器中，它们通常是主动式的。

表 5-2 对上述不同类别标签进行了比较。

表 5-2 不同读写性的标签比较

标签类型	实 例	存储器类型	供电形式	应 用
只读标签	电子防盗器	只读（或无）	无源	身份识别、防盗
一次写入只读标签	EPC	只读	任意	身份识别
读写标签	EPC	可读写	任意	数据采集
利用片上传感器实现的可读写标签	标签传感器（Sensor Tags）	可读写	有源/半有源	传感器
利用收发信机实现的可读写标签	智能尘埃（Smart Dust）	可读写	有源	无人监控系统

电子标签的存储器除了可读写性，其容量大小也是一个重要参数。电子标签的数据存储容量一般限定在 2 KB 以内。从技术及应用的角度来说，电子标签并不适合作为大量数据的载体，其主要功能在于标识物品并完成无接触的识别过程，典型的数据容量指标有 1 KB、128 bit、64 bit 等。标签信息容量的大小，决定着标签是否可以一段时间内离开后台数据库独立工作。当标签容量很小时，电子标签需要通过读写器与后台数据库联系起来。例如，电子标签的内存有 200 bit，就能够容纳物品的编码了，当需要物品更详尽的信息，就应通过后台数据库来提供。在实际使用中，现场有时无法与数据库联机，这时必须加大电子标签的内存量。例如，加大到几千比特，使得电子标签可以在一定时间内独立使用。一般来说，内存越大独立工作时间越长。

5.2.3 工作频率类别

电子标签的工作频率是指电子标签工作时采用的频率，基本上可划分为低频（30～300 kHz）、高频（3～30 MHz）、超高频（300 MHz～1 GHz）、微波（2.45 GHz 以上）。电子

标签的工作频率决定了射频识别系统的工作方式、识别距离等。下面从低频、高频和超高频、微波频段分析电子标签的工作原理和特征。

表 5-3 比较了几种典型频率下电子标签的特性。

表 5-3　典型频率下的电子标签比较

工 作 频 率	协议/标准	最大读写距离	受方向影响	芯片价格（相对）	数据传输速率（相对）	目前使用情况
125 kHz	ISO 11784/11785 ISO 18000—2	10 cm	无	一般	慢	大量使用
13.56 MHz	ISO/IEC 14443	10 cm	无	一般	较慢	大量使用
	ISO/IEC 15693	单向 180 cm，全向 100 cm	无	低	较快	大量使用
860～930 MHz	ISO/IEC 18000—6、EPCx	10 m	一般	一般	读快，写较慢	大量使用
2.45 GHz	ISO/IEC 18001—3	10 m	一般	较高	较快	可能大量使用
5.8 GHz	ISO/IEC 18001—5	10 m 以上	一般	较高	较快	可能大量使用

无线射频识别系统的工作频率对系统的工作性能有很大的影响，从识别距离、穿透性能来看，不同射频频率的表现就存在着很大的差异，特别体现在低频和高频的特性上，具有很大的对比性。具体来说，低频具有很强的穿透特性，可以穿透水、有机组织和木材等材料，但是其传播速度慢、距离短；高频或超高频具有较远的传播距离，但是很容易被很多导体材料所吸收，穿透性不好。

基于上述原因，如何利用各自的优点来设计识别距离远又具有较好的穿透性的产品是一个应用折中的问题。目前普遍采用的技术是双频技术，使用双频技术的电子标签既具有很强的穿透性能，又能传输很远的距离，能够广泛应用在动物识别、有导体材料干扰以及潮湿的环境中。

在双频系统中，发送数据和接收数据采用不同的工作频率。双频标签接收到来自读写器的激活信号后，发出唯一的加密识别无线信号，如图 5-4 所示，读写器不断地产生低频编码电磁信号，经过高频调制后由天线发送出去，用来激活进入有效范围的双频标签；同时读写器将接收天线接收的来自双频标签的高频载波信号放大，再解调出有效的数字信号，并将信号传给下一级系统。

采用双频技术的射频识别系统具有低频和高频系统的优点，同时具有较强的穿透能力、较远的识别距离及高速的识别能力。无源双频标签可以制造得很小，被广泛应用于人员管理、运动计时、动物识别、矿井、有干扰的环境（如金属物识别）等场合。

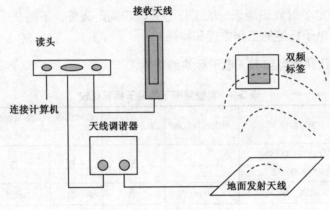

图 5-4　双频系统

5.3　电子标签的组成结构

电子标签主要由天线和芯片两部分组成。

5.3.1　电子标签的天线

电子标签天线的主要功能是接收读写器传输过来的电磁信号或者将读写器所需要的数据传回给读写器，也就是负责接收和发射电磁波，它是电子标签与读写器之间取得联系的重要一环。天线的尺寸要比芯片大很多，封装后的电子标签尺寸可以小到 2 mm，也可以像身份证那么大。

1．常见电子标签天线

电子标签天线主要有线圈型、微带贴片型、偶极子型等几种基本形式。工作距离小于 1 m 的近距离应用系统的 RFID 电子标签天线一般采用工艺简单、成本低的线圈型天线，它们主要工作在低频段；而工作距离在 1 m 以上远距离的应用系统需要采用微带贴片型或偶极子型的天线，它们工作在高频和微波频段。

（1）线圈型天线。图 5-5 为一个线圈型电子标签，可以看出标签中绕制了多个线圈。当 RFID 的线圈天线进入读写器产生的交变磁场时，电子标签天线与读写器天线之间产生相互作用，类似于变压器，而两者的线圈相当于变压器的初级线圈和次级线圈。

由电子标签线圈天线形成的谐振回路如图 5-6 所示，它包括 RFID 天线的线圈电感 L、寄生电容 C_p 和并联电容 C_2'，其谐振频率为

$$f = \frac{1}{2\pi\sqrt{LC}}$$

式中，C 为 C_p 和 C_2' 的并联等效电容。RFID 系统就是通过这一频率的载波实现双向数据通信的。

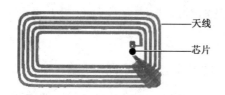

图 5-5 线圈型标签天线

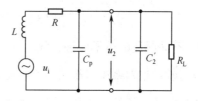

图 5-6 电子标签天线形成的谐振回路

某些应用要求电子标签天线线圈的外形很小，且要求一定的工作距离，如用于动物识别的电子标签。一般的线圈如果外形面积小，电子标签与读写器间的天线线圈互感量则难以满足实际使用。通常在电子标签的天线线圈内部插入具有高磁导率的铁氧体材料，以增大互感量，从而补偿线圈横截面积减小的问题。

（2）微带贴片型天线。微带贴片型天线结构如图 5-7 所示。根据天线的辐射特性需要，贴片导体还可以设计为各种形状。

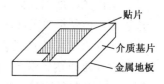

图 5-7 微带贴片型天线

通常，微带贴片型天线的辐射导体与金属地板的距离为几十分之一信号波长，假设辐射电场沿导体的横向与纵向两个方向均没有变化，仅沿约半个波长的导体长度方向有变化，因此，微带贴片型天线非常适用于通信方向变化不大的 RFID 应用系统。

微带贴片型天线质量轻、体积小、剖面薄，而且馈线和匹配网络可以和天线同时制作，与通信系统的印刷电路集成在一起。贴片又可采用光刻工艺制造、成本低、易于大量生产。微带贴片型天线因为其馈电方式和极化制式的多样化，以及馈电网络、有源电路集成一体化等特点而成为印刷天线类的主角。

（3）偶极子型天线。在远距离耦合的 RFID 应用系统中，最常用的就是偶极子型天线（又称为对称振子天线）。偶极子型天线及其演化形式如图 5-8 所示，其中偶极子型天线由两段同样粗细和等长的直导线排成一条直线构成，信号从中间的两个端点馈入，在偶极子的两臂上将产生一定的电流分布，这种电流分布可以在天线周围空间激发起电磁场。当单个振子臂的长度 $l=\lambda/4$ 时（半波振子），输入阻抗的电抗分量为零，天线输入阻抗可视为一个纯电阻。在忽略天线粗细的横向影响下，简单的偶极子天线设计可以取振子的长度 l 为 $\lambda/4$ 的整数倍，如工作频率为 2.45 GHz 的半波偶极子型天线，其长度约为 6 cm；当要求偶极子型天线有较大的输入阻抗时，可采用图 5-8（b）的折合振子。

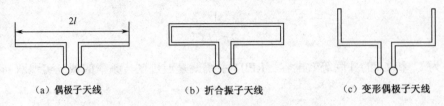

$$2l$$

（a）偶极子天线　　　　　（b）折合振子天线　　　　　（c）变形偶极子天线

图 5-8　偶极子型天线及其演化形式

2. 不同频段的电子标签天线

根据射频识别系统工作频率的不同，电子标签的天线也有所不同。

低频电子标签的天线基本是线圈型的，线圈一般为铜线，缠绕在高磁导率的铁磁棒上，线圈的匝数越多，横截面积越大，天线的性能就越好。

高频电子标签的天线一般也是线圈型的，工作原理与低频电子标签的天线基本一样。但由于高频系统的频率比低频系统的频率高很多，一般高频系统的电子标签所需的天线圈数较少，因此高频电子标签的天线制作比低频电子标签容易，价格也低。

当工作频率增加到微波频段时，天线与标签芯片之间的阻抗匹配问题变得更具挑战性。一直以来，电子标签天线的开发是基于 50 Ω或者 75 Ω输入阻抗，而在微波 RFID 应用中，芯片的输入阻抗可能是任意值，并且很难在工作状态下准确测试，缺少准确的参数，因此天线的设计难以达到最佳。微波电子标签天线的设计通常需要通过选择不同的结构参数，以解决天线和标签阻抗匹配的问题。

3. 电子标签天线的特殊性

RFID 系统电子标签要求小尺寸、低剖面以及低成本等，使得天线的设计具有一定的特殊性。以工作在 860～960 MHz、2.45 GHz 和 5.8 GHz 频段为例，标签天线具有以下特性。

- 天线的物理尺寸小。标签的物理尺寸需要保证足够小，才能够贴到需要的物品上。在电子标签中，天线面积占主导地位，即电子标签面积主要取决于其天线面积。天线的物理尺寸受到其工作频率电磁波波长限制，频率越高，电磁波的波长越短，天线的尺寸越小。
- 在大多数情况下需要电子标签天线具有全向或半球覆盖的方向性。
- 具有高增益，能给标签的芯片提供最大可能的信号。
- 阻抗匹配性好，无论标签在什么方向，天线的极化都能与读写器信号相匹配。
- 低成本。

5.3.2 电子标签的芯片

电子标签芯片对接收的信号进行解调、解码等各种处理，并对标签需要返回的信号进行编码、调制等处理。电子标签的芯片很小，厚度一般不超过 0.35 mm。

1. 芯片组成

不同频段电子标签芯片的结构基本类似，如图 5-9 所示，一般包含射频前端/模拟前端、CPU 或逻辑控制单元、存储器等模块。射频前端主要用于对射频信号进行整流和反向调制；CPU 主要用于对数字信号进行编/解码及防碰撞协议的处理等；存储器用于信息存储，包含 RAM、EEPROM 等。

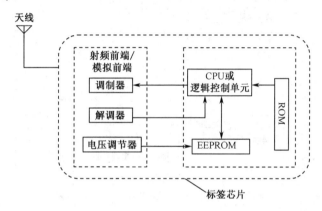

图 5-9 电子标签芯片结构

射频前端从标签天线吸收电流，在整流稳压处理后作为电源供给芯片工作。射频前端的设计必须综合考虑本身与天线的匹配问题、功率和电压的效率问题，以及对来自读写器的不同数据调制的兼容性问题。为了增加标签的有效工作距离，可以提升输入的电流电压。

微处理器用来进行对数字信号的处理和运算，如对存储器的读写操作等。程序模块是以代码的形式写入 ROM 的，并在芯片生产阶段已写入芯片之中。对于基带信号的编码（数字调制），常用的编码方法有以下几种：NRZ（反向不归零）编码、曼彻斯特（Manchester）编码、单极归零制（Unipolar）编码、密勒（Miller）编码等。

标签与读写器之间的数据是以 0、1 两种状态出现的，以电脉冲信号呈现的方波形式表示，其所占据的频带为直流或低频，称为基带信号，接触式 IC 卡传输的就是这种信号。在电子标签中，数字基带信号必须经过高频信号调制才能传输，该高频信号称之为载波。在发送端，将基带数字信号转换成高频信号的过程称为调制。在接收端，将高频信号转换成基带数字信号的过程称为解调。实现数据传输的电路称为射频接口。

2. 电子标签芯片的射频前端

射频前端通常属于电子标签芯片的一部分，连接电子标签天线与芯片数字电路部分。芯片中逻辑控制单元传出的数据只有经过射频前端的调制以后，才能加载到天线上，成为天线可以传输的射频信号；解调单元负责将经过调制的信号加以解调，获得最初的信号；电压调节单元主要用来将从读写器接收过来的射频信号转化为电源，通过稳压电路确保稳定的电源供应。

图 5-10 是按照 915 MHz 的 RFID 电子标签的要求设计的电子标签的功能结构图，射频接口部分主要由接收部分、发送部分和公共电路部分组成。

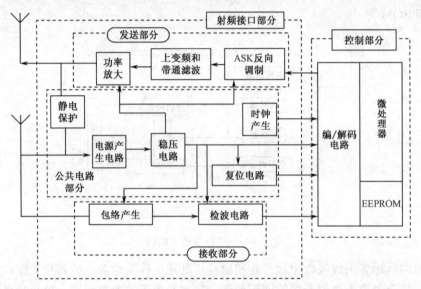

图 5-10　电子标签功能结构图

（1）接收部分。接收部分的主要功能是将天线上接收到的幅度调制信号进行解调，从中恢复出数字基带信号，再送到控制部分进行解码处理。接收部分主要由包络产生电路和检波电路组成。包络产生电路的主要功能是对高频信号进行包络检波，把信号从频带搬移到基带，包络产生电路主要由非线性元件和低通滤波器组成。检波电路主要由带通滤波器和电压比较器组成。经过包络检波后，信号一般还会存在高频成分，所以还需进行带通滤波，把载波彻底滤除，使信号曲线变得"光滑"，然后滤波后的信号再通过电压比较器，从而恢复原来的数字信号。

（2）发送部分。发送部分的主要功能是将经控制部分处理后的数字编码信号进行 ASK 幅度调制，放大后送到天线端，然后发送给读写器。它主要由 ASK 调制电路和放大器组成。

当电子标签向读写设备传输信息时，其编/解码电路将编码后的数据送到射频接口，调制电路进而对其进行 ASK 调制。ASK 的反向调制采用负载调制，即通过改变天线负载的大小来改变发送信号幅度的强弱，将数字信号接入一个非线性元件电路，其高低电平的交替变化可以控制并联负载在电路中的接通或断开，从而改变天线负载的大小对编码数据进行幅度调制。但由于调制好的 ASK 信号功率较小，不能满足传输要求，所以要对 ASK 信号进行功率放大后再送到天线发射端发给读写器。

（3）公共电路部分。公共电路部分包括电源产生电路、限幅电路及复位电路等。

由于天线两端从射频场中感应到的是一个交变的信号（交变电压源），故需要一个整流滤波电路将其转化为直流电源。由于电子标签内电路除了要求电源电压是直流源之外，还要求工作电压必须不能高过 MOS 管、三极管等器件的击穿电压，否则会导致器件损坏。单靠整流滤波电路不能使天线两端的电压变为符合要求的电压值，因此需要引入限幅模块。

复位信号产生电路的功能分为两种：上电复位和下电复位。首先，要为电压设置一个参考值，这个值一般为电路稳定工作的电压值，当电源电压升高时，若仍小于参考值，则复位信号仍然为低电平；若电源电压升高至大于参考值，复位信号则跳变为高电平。这就是上电复位信号，它为数字部分电路设置了初始值，从而避免出现逻辑混乱，同时它还可以给整个系统一个稳定的时间，保证天线两端耦合到的能量已达到相对稳定。当电源电压降低时，若大于参考值，则复位信号为高；若降低至小于参考值，则电源信号跳变为低，这就是下电复位信号，它是针对系统中可能出现的意外情况（如操作时突然掉电）而采取的保护措施。

3. 电子标签芯片设计现状

目前，发达国家在多种频段都实现了电子标签芯片的批量生产，无源微波电子标签的工作距离可以超过 1 m，无源超高频电子标签的工作距离可以达到 5 m 以上，模拟前端多采用了低功耗技术，功耗可以做到几毫瓦，批量成本接近 10 美分。

我国在低频和高频电子标签芯片设计方面的技术比较成熟，已经自主开发出符合 ISO/IEC 14443 A 类、B 类和 ISO/IEC 15693 标准的 RFID 芯片，并成功地应用于交通一卡通和中国第二代身份证等项目。

与国际先进水平相比，我国在 RFID 芯片设计方面仍存在的主要差距如下。

（1）国外在 RFID 芯片设计方面起步较早，并申请了许多技术专利；而国内起步较晚，在超高频和微波频段的 RFID 芯片设计方面的基础还比较薄弱。

（2）在存储器方面，发达国家已经开始使用标准 CMOS 工艺设计非挥发存储器，使得电子标签的所有模块有可能在标准的 CMOS 工艺下制作完成，以降低生产成本；而国内在这方面还处于研究阶段。

（3）电子标签对成本比较敏感，芯片设计需要在模拟电路和数模混合电路设计方面具有丰富经验的专业人才，而国内这方面技术力量相对薄弱。

5.4　电子标签的封装

5.4.1　电子标签的封装加工

电子标签主要包括电子数据载体和根据功能造型的壳体，电子标签的制作过程主要包括芯片制造、芯片和天线封装及标签加工。

（1）芯片制造。微型芯片通常是根据通用的半导体芯片制造方法生产的。芯片测试结束后，将晶片划开后就可得到单个电子标签芯片；然后将芯片与标签天线模块连接起来；最后在芯片周围喷上浇铸物，以减少硅片芯片碎裂的可能性。但对于非常小的芯片，如用于只读标签的芯片（芯片面积为 $1\sim2\ \text{mm}^2$），出于体积和成本的考虑，一般是将线路压焊在芯片上，而不是将其放置在模块内。

（2）电子标签半成品。接下来的工序就是使用自动绕线机制造标签线圈。在线圈所用铜线上除了涂覆常用的绝缘漆之外，还需涂上一层附加的低熔点烤漆。在线圈绕制过程中，绕制工具首先要被加热到烤漆熔点的温度，这样烤漆才会熔化，当从绕制工具上取下线圈后它又会迅速凝结，从而使标签线路上的线黏合在一起。利用这种方式可以保证在以后的安装工序中标签线路具有足够的机械稳定度。标签线圈一旦完成绕制，就利用电焊机将线圈的连接处与标签芯片的连接面焊接到一起，根据以后的成品标签制作的形状来确定标签线圈的形状与大小。

将标签线圈的触点接通后，电子标签就具有了相应的电功能。在这道工序之后还要进行非接触的功能测试。此时尚未加装外壳的标签已经成为标签半成品，经过后继加工为其选配各种不同形状的外壳。

（3）整合成品。在最后一道工序中，将电子标签半成品安装到外壳中，或者装入玻璃桶内，这道工序可以通过注入 ABS、浇注、黏合等方法完成。

5.4.2　电子标签的封装形式

为了满足不同的应用需求，电子标签的封装形式可以多种多样，有卡片状、环状、纽扣状、条状、盘状、钥匙扣状和手表状等。电子标签的外形设计会受到天线形式，以及是否需要电池的影响，基本原则是电子标签越大识别距离越远。各种形式的电子标签举例如图 5-11 所示。

图 5-11 各种形式的电子标签举例

从实际应用来看，电子标签的封装形式较多，不受标准形状和尺寸的限制，而且其构成也是千差万别的，甚至可以根据各种不同要求进行特殊的设计。下面对几种典型的电子标签外形分别进行介绍。

1. 卡片状电子标签

卡片状电子标签是指将电子标签的芯片和天线封装成卡片状，这类电子标签也常称为射频卡，如图 5-12 所示，第二代身份证、城市一卡通和门禁卡都属于这种形式的电子标签。

（a）第二代身份证 　　　　　　　　　　　（b）校园一卡通

图 5-12 卡片状电子标签示例

我国第二代身份证内含有 RFID 芯片，其工作频率是 13.56 MHz，可以采用读卡器读取身份证芯片内所存储的姓名、地址和照片等信息。城市一卡通用于覆盖一个城市的公共消费领域，包括公交汽车、出租车、路桥收费和水电煤气缴费等，结合射频技术和计算机网络在公共平台上实现消费领域的电子化收费。门禁系统是 RFID 最早的商业应用之一，它可以携带的信息量较少，允许进入的特定人员会配发门禁卡，读写器通常安装在靠近大门的位置，读写器获取持卡人的信息，然后与后台数据进行通信，以确定该持卡人是否具有进入该区域的权限。

银行卡也可以采用射频识别卡。2005 年，美国出现了一种新的商业信用卡系统——即付即走（PayPass），这种信用卡内置 RFID 芯片，传统的信用卡变成了电子标签。持卡人无须采用传统的方式进行磁条刷卡，而只需将信用卡靠近 POS 机附近的 RFID 读写器，即可进行消费结算。目前，我国也正在推进银行卡的升级换代，采用射频识别卡替代传统磁卡，并且可以与城市一卡通进行集成。

2. 标签类电子标签

标签类电子标签形状多样，有条状、盘状、钥匙扣状和手表状等，可以用于物品识别和电子计费等，如航空用行李标签、托盘用标签等。

钥匙扣状也是经常使用的电子标签形式，这种电子标签被设计成胶囊状或其他形状，用来挂在钥匙环上，其特点是携带方便。有些标签类电子标签还具有粘贴功能，在生产线上由贴标机粘贴在箱、瓶等物品上，也可以手工粘贴在车窗或证件上，这种电子标签的芯片一般安放在一张薄纸模或塑料模内，如图 5-13 所示，这种薄膜经常和一层纸胶合在一起，背面涂上粘胶剂，这样电子标签就很容易粘贴到被识别的物体上。

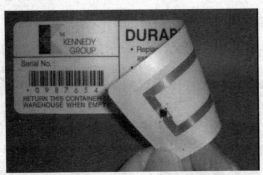

图 5-13　粘贴式电子标签

3. 植入式电子标签

植入式电子标签体积很小，如将电子标签做成动物跟踪标签，其直径比铅笔芯还小，可以嵌入到动物的皮肤下。将被动式的 RFID 电子标签植入到动物皮下，称为"芯片植入"，这种方式近年来得到了广泛的应用，例如，将这种电子标签通过注射的方式植入到动物的某处皮下，从而进行信息管理。

标签的封装尺寸主要取决于天线的尺寸和供电情况等，在不同场合对封装尺寸有不同要求，封装尺寸小的为毫米级，大的为分米级。如果电子标签的尺寸小，则它的适用范围宽，不论物品大小都能进行设置。如果电子标签设计得比较大，就可以加大天线的尺寸，从而能有效地提供电子标签识读率。

5.5　一种典型的电子标签（S50 卡）

飞利浦是世界上最早研制非接触式 IC 卡的公司，其产品系统包括 Mifare Standard（逻辑加密卡，EEPROM 容量为 8 KB）、Mifare Light（逻辑加密卡，EEPROM 容量为 384 KB）、Mifare PLUS（第一代双界面卡）、Mifare PRO（第二代双界面卡）等。

本节以应用非常广泛的 Mifare Standard 卡（型号为 Mifare S50，简称 S50 卡）为例进行介绍。Mifare Standard 卡与读写器之间的工作距离小于 100 mm，数据传输率为 106 kb/s，完成一次读卡时间可小于 0.1 s，工作频率为 13.56 MHz，具有可靠性高、防碰撞能力强、一卡多用、安全性能好等特点。

5.5.1　内部结构与工作过程

Mifare S50 整个电路（除线圈外）都集成在一个芯片内，其内部逻辑框图如图 5-14 所示，芯片电路可以分为射频接口电路和数字模块。

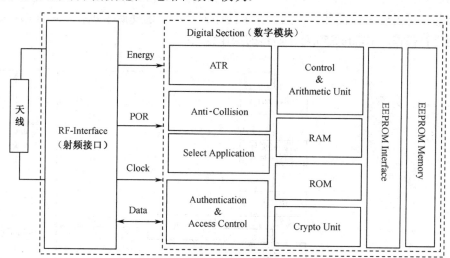

图 5-14　Mifare Standard（Mifare S50）逻辑图

射频接口模块由整流器、电压调节器、上电复位（Power On Reset，POR）模块、时钟产生器、调制器以及解调器等部分组成，主要有以下功能。

● 为芯片内部各部分电路提供工作时所需能量；
● 提供 POR 信号，使各部分电路同步启动工作；
● 从载波中提取电路正常工作所需要的时钟信号；
● 将载波上的指令数据解调出来供数字电路模块处理以及对待发送的数据进行调制。

数字电路模块主要由如下部分组成：

- ATR（Answer to Request）模块：当接收到读写器的 Request 命令后，芯片启动该模块建立与读写器的通信。
- Anti-Collision 模块：当多个电子标签同时位于读写器天线工作范围内时，此模块根据电子标签的序列号选择其中一个电子标签。
- Authentication & Access Control 模块：确认电子标签被选中后，此模块进行读写器与电子标签之间的相互认证，只有通过相互认证，才能进行进一步操作。
- Control & Arithmetic Unit 模块：此模块是芯片的控制中心，是中央处理器单元。
- RAM：配合 Control & Arithmetic Unit 将运算结果进行暂时存储；动态存取 EEPROM 中的数据供 Control & Arithmetic Unit 操作使用。
- ROM：固化电子标签所需要的程序指令。
- EEPROM Memory：EEPROM 存储器，用于存放用户数据，可读可写。
- EEPROM Interface：访问 EEPROM 存储器的控制接口。

Mifare S50 的工作过程如图 5-15 所示，读写器发送 Request 命令给所有在天线场范围内的电子标签，通过防碰撞循环，得到一张卡的序列号后，选择此卡进行认证，通过认证后对存储器进行操作。Mifare S50 对存储器的操作包括：

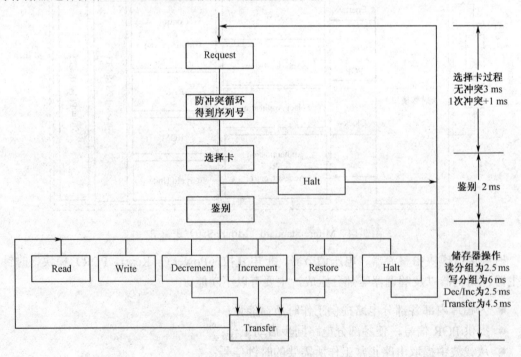

图 5-15　Mifare S50 的工作过程

- Read：读存储器的一个分组。
- Write：写存储器的一个分组。
- Decrement：减少分组内容，并将结果存入数据寄存器。
- Increment：增加分组内容，并将结果存入数据寄存器。
- Transfer：将数据寄存器的内容写入 EEPROM 的一个分组。
- Restore：将分组内容存入数据寄存器。

5.5.2 存储器组织与访问控制

Mifare S50 卡有 8 KB 的 EEPROM，分成 16 个区，每个区又分成 4 个分组（Block0～Block3），一个分组有 16 B，其存储结构组织如图 5-16 所示。

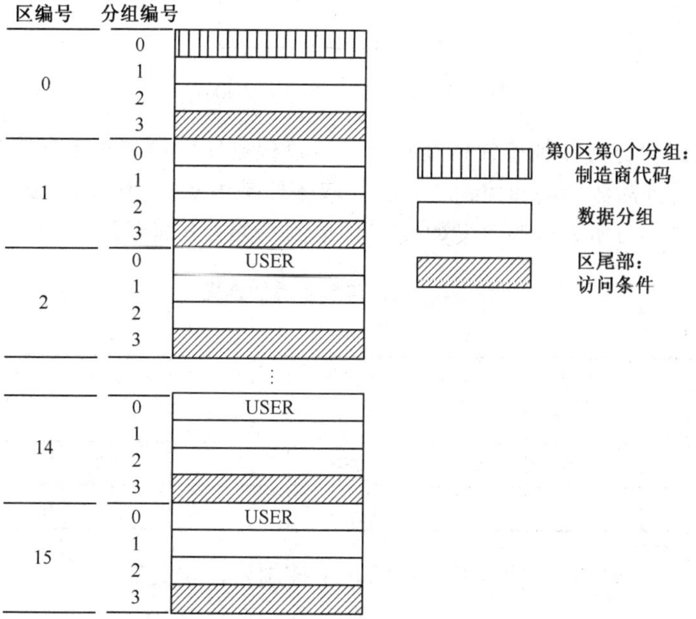

图 5-16 标签存储器逻辑映射

（1）每个扇区由 4 块（块 0、块 1、块 2、块 3）组成（也有的将 16 个区的 64 个块按绝对地址编号为 0～63）。

（2）第 0 扇区的块 0（即绝对地址 0 块）都是一个特殊的块，该块存储了制造商代码，已经固化，不可更改。

（3）每个扇区的块 0、块 1、块 2 为数据块，用于存储数据，可以进行读写操作。

（4）每个区的块 3 为控制块，包括了密钥 A、访问控制条件、密钥 B。具体结构如下：

密钥 A 有 6 字节，访问控制条件有 4 字节，密钥 B 有 6 字节，其结果如图 5-17 所示。由于每个区都有各自的密钥和访问条件，各区之间互不干扰，因此 Mifare S50 可作为多功能卡使用。

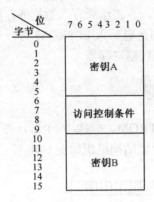

图 5-17　区尾部（块 3）的组成

每个区的密钥和访问控制条件相互独立，可以根据实际需要设定各自的密钥及访问控制条件。每个块（包括数据块和控制块）的存取条件是由密钥和访问控制条件共同决定的，访问控制条件四个字节所表示的含义如表 5-4 所示（注：_b 表示取反）

表 5-4　访问控制条件的定义

	Bit 7	6	5	4	3	2	1	0
Byte 6	C23_b	C22_b	C21_b	C20_b	C13_b	C12_b	C11_b	C10_b
Byte 7	C13	C12	C11	C10	C33_b	C32_b	C31_b	C30_b
Byte 8	C33	C32	C31	C30	C23	C22	C21	C20
Byte 9								

其中，在存取控制中每个块都有相应的三个控制位，定义如下。

块 0:　　C10　C20　C30
块 1:　　C11　C21　C31
块 2:　　C12　C22　C32
块 3:　　C13　C23　C33

三个控制位以正、反两种形式存在于表 5-4 所示访问条件字节中，决定了该块的访问权限。三个控制位在存取控制字节中的位置如下（Byte 9 为备用字节，默认值为 0x69）。

例如，上述存取控制字节为 FF 07 80 69 时，对应的每一位为表 5-5 所示。

表 5-5   存取控制位为 FF 07 80 69 对应的二进制码

	Bit 7	6	5	4	3	2	1	0
Byte 6	1	1	1	1	1	1	1	1
Byte 7	0	0	0	0	0	1	1	1
Byte 8	1	0	0	0	0	0	0	0
Byte 9	0	1	1	0	1	0	0	1

那么对应每个块的存取控制位如下。

块 0：000

块 1：000

块 2：000

块 3：001

查询访问控制码的结构表 5-6，可得到相应块所对应的访问条件。例如，当块 3 的存取控制位 C13 C23 C33=001 时，验证密钥 A 或密钥 B 正确后可读、不可写、不可加值；验证密钥 A 或密钥 B 正确后可进行 Decrement、Transfer、Restore 操作。其中，KeyA|B 表示密钥 A 或密钥 B，Never 表示任何条件下均不能实现。

表 5-6   访问控制码的结构

控制位（块号 X=0~2）			控制条件（对块 0、1、2）			
C1X	C2X	C3X	Read	Write	Increment	Decrement，Transfer，Restore
0	0	0	KeyA|B	KeyA|B	KeyA|B	KeyA|B
0	1	0	KeyA|B	Never	Never	Never
1	0	0	KeyA|B	KeyB	Never	Never
1	1	0	KeyA|B	KeyB	KeyB	KeyA|B
0	0	1	KeyA|B	Never	Never	KeyA|B
0	1	1	KeyB	KeyB	Never	Never
1	0	1	KeyB	Never	Never	Never
1	1	1	Never	Never	Never	Never

5.6   RFID 电子标签的问题及趋势

1. RFID 电子标签存在的问题

电子标签还存在许多在应用技术方面需要进一步解决的问题，其中，低成本开发、低功耗的标签芯片、防碰撞算法、安全技术等已成为研究重点。下面介绍电子标签目前存在的主要问题。

（1）标签的性能问题。电子标签通常容易受到金属或水等液体的影响，如果在标签和读写器之间存在金属物，那么无论采用什么工作频率都无法正常通信。这主要是由于磁场与无线电波均会被金属反射。对于超高频应用，若将电子标签贴在金属物品的表面或者液体物体的表面时，由于电磁信号本身的特点，可能会使得电子标签的电磁信息被液体吸收或者被金属反射，导致信号失真或者无法接收到信号。另外，将多个电子标签紧贴在一起，则会产生信道工作频率的偏移，也会导致 RFID 标签无法正常读取。

以 2.45 GHz 频带的 RFID 为例，2.45 GHz 频带的无线电会被水吸收。例如，将电子标签贴在饮料瓶上时，从瓶罐背面扫描就读不出信息，其解决方法，是想办法将电子标签贴在饮料瓶两侧，或者在多个位置设置扫描仪或读写器。

（2）特殊尺寸的电子标签。随着 RFID 应用模式多样化，以及应用规模的增加，特殊尺寸和多样性的电子标签也成为需要解决的问题，尤其是尺寸更小、性能更佳且封装材料更符合应用场景的标签已成为目前特殊行业 RFID 应用的发展趋势。随着标签尺寸的缩小，电子标签的天线及芯片等关键部件的尺寸也需要相应减少，这对于 RFID 天线的设计与标签的封装工艺来说，将是一个重要的挑战。

（3）电子标签的成本问题。电子标签的成本问题，将会极大地影响和限制 RFID 的进一步推广和应用。电子标签的成本与 RFID 的应用层次、应用模式及应用规模之间都具有极大的相关性。

在新的制造工艺没有普及推广之前，高成本的电子标签只能用于一些本身价值较高的产品。美国目前一个电子标签的价格为 0.30~0.60 美元，对一些价位较低的商品，采用高档 RFID 标签显然还不合算。

（4）电子标签的安全性和隐私问题。电子标签会涉及个人隐私等信息安全问题，电子标签在物品购买和使用过程中，可能造成个人消费和其他隐私信息的暴露，这是 RFID 普及之前必须克服的问题。

（5）标准化问题。标准化是推动产品获得市场广泛接受的必要措施，但射频识别读写器与标签的技术仍未见其标准统一。不同制造商所开发的标签通信协定，使用不同的频率，且封包格式不一。此外，标签上的芯片性能，存储器存储协议与天线设计约定等方面也都需要统一标准。

2. RFID 电子标签的发展趋势

在电子标签发展趋势方面，要求电子标签芯片功耗更低，标签成本更低。天线技术的

发展将使得电子标签作用距离更远，芯片技术的发展也会使得处理时间更短，安全性能更好，具体发展趋势如下。

（1）成本更低。从电子标签的发展来看，电子标签特别是在高频、远距离电子标签方面在未来几年中将逐渐成熟，具有更加广阔的前景。成本的降低必将进一步推动射频识别技术的应用。

（2）体积更小。实际应用通常要求标签的体积足够小，以便应用于一些特殊场合。

（3）作用距离更远。无源射频识别系统的距离限制主要因为电磁波束给标签能量的供应的限制。随着低功耗 IC 设计技术的发展，电子标签的工作电压将进一步降低，所需功耗降低到小于 5 μW 甚至更低水平。标签需要的能量更小，这就使得电子标签的作用距离会进一步加大。

（4）适合高速移动物体的识别。对于高速移动的物体，需提高电子标签和读写器之间的传输速率，以便高速物体的识别可以在短时间内完成，进一步缩短电子标签的处理时间。

（5）安全性更好。对标签数据要进行严格的加密，对通信过程也要进行加密，这就需要智能性更强、加密特性更完善的电子标签，使得标签能够更好地隐藏自己的信息，防止信息未经授权就被获取。

5.7　本章小结

电子标签作为一种智能卡，在很多应用中已取代传统的磁卡。一方面，电子标签采用无线射频的方式进行数据传输，它与读写器之间通信不再需要直接接触；另一方面，电子标签内部的集成电路芯片具有其他智能卡所不具备的运算和处理能力，因此安全性更好、应用范围更广。

电子标签主要由芯片和天线两部分组成。芯片的功能是对标签接收的信号进行解调、解码等各种处理，并把标签需要返回的信号进行编码、调制等处理。电子标签天线的主要功能是接收读写器传输过来的电磁信号或者将读写器所需要的数据传回给读写器，也就是负责发射和接收电磁波，它是电子标签与读写器之间通信的重要一环。

Mifare S50 在电子标签中具有很好的代表性，特别是其存储器的分区管理，以及双密码共同控制每个分组的访问的策略，使得同一张卡可以被不同的应用所使用，从而使得其在一卡通等领域内广泛使用。

思考与练习

（1）简述智能卡的发展，以及射频电子标签在其中所处的位置。

（2）电子标签与磁卡相比有何优势？

（3）按工作方式对电子标签进行分类介绍。

（4）比较不同频段电子标签的特点。

（5）常见电子标签天线有哪几种？

（6）介绍电子标签芯片的组成及功能。

（7）描述 Mifare S50 的工作过程。

（8）在 Mifare S50 中，如果第 2 区的访问控制码为 FF 07 80 69，则该区块 1 的访问控制条件是什么？

（9）分析当前 RFID 电子标签的发展趋势。

第6章

RFID 读写器

读写器，又称为阅读器（取决于是否可以改写电子标签内的数据）、编程器等，是读取和写入电子标签信息的设备。读写器是射频识别系统中非常重要的组成部分，一方面，电子标签返回的微弱电磁信号通过无线方式进入读写器的射频模块并转换成数字信号，再经过逻辑处理单元进行处理和存储，完成对电子标签的识别或读写操作；另一方面，上层软件与读写器需要进行交互，实现操作指令的执行和数据的汇总上传。在通常情况下，射频标签读写设备应根据射频标签的读写要求及应用需求来设计。随着射频识别技术的发展，射频标签读写设备已形成了一些典型的实现模式。未来的读写器则呈现智能化、小型化和集成化趋势，还将具备强大的前端控制功能。在物联网中，读写器将成为同时具备通信、控制和计算功能的核心设备。

6.1 读写器的基本原理

读写器将待发送的信号经过编码后加载在特定频率的载波信号上，再经天线向外发送，进入读写器工作区域的电子标签将接收到此脉冲信号，并返回响应信号；读写器对接收到的返回信号进行解调、解码和解密处理后，再送至计算机处理。

6.1.1 读写器的基本功能

读写器的基本任务是和电子标签建立通信关系，完成对电子标签信息的读写。在这个过程中涉及的一系列任务，如通信的建立、防止碰撞和身份验证等都是由读写器处理完成的。具体来说，读写器应当具有以下功能。

（1）给标签提供能量。标签在被动式或者半被动式的情况下，需要读写器提供能量来激活电子标签。

（2）实现与电子标签的通信。读写器对标签进行数据访问，其中包括对电子标签的读数据和写数据。

（3）实现与计算机通信。读写器能够利用一些接口实现与计算机的通信，并能够给计算机提供信息，用于系统终端与信息管理中心进行数据交换，从而解决整个系统的数据管理和信息分析需求。

（4）实现多个电子标签识别。读写器能够正确地识别其工作范围内的多个电子标签，具备防碰撞功能，可以与多个电子标签进行数据交换。

（5）实现移动目标识别。读写器不但可以识别静止不动的物体，也可以识别移动的物体。

（6）读写器必须具备数据记录功能。即对于需要记录的数据信息进行实时记录，以达到信息中心进一步进行数据分析的需求。

6.1.2　读写器的工作过程

由于电子标签是非接触通信，人们必须借助位于应用系统与电子标签之间的读写器来实现数据的读写功能。读写器可将应用系统的读写命令传到电子标签，然后将电子标签返回的数据送回到应用系统。一般地，射频标签读写设备均遵循图 6-1 所示的信息处理与控制模式。读写器与射频标签（数据载体）之间通过空间信道实现读写器向射频标签发送指令，射频标签接收读写器的指令后做出必要的响应，由此实现射频识别功能。

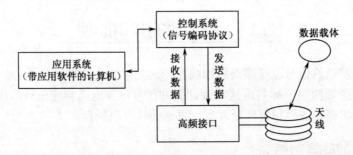

图 6-1　读写器在 RFID 系统中工作过程

一般情况下，读写器所获得的信息均要回送到应用系统，同时能够接收应用系统下达的指令。如果应用系统要从非接触的数据载体（电子标签）中读取或者写入数据，需要读写器作为接口。从应用软件的角度分析，对数据载体的访问应该是尽可能透明的。

读写器主要有两种工作方式，一种是读写器先发言（Reader Talks First，RTF），另一种是标签先发言（Tag Talks First，TTF），这是读写器的防碰撞协议方式。

在一般情况下，电子标签处于"等待"或"休眠"的工作状态，当电子标签进入读写器的作用范围时，检测到一定特征的射频信号，便从"休眠"的工作状态转到"接收"状态，接收到读写器发送的指令后，进行相应的处理，然后将结果返回读写器。这类只接收到读写器的特殊命令才发送数据的电子标签被称为 RTF 方式。

如图 6-2 给出了 RTF 的一种工作方式，应用软件作为主动方，而读写器则作为从动方对应用软件的指令做出响应。而相对于电子标签，此时的读写器是主动方。读写器工作区域内的电子标签接收到命令信号之后，标签内芯片对此信号进行解调解码处理，然后对命令请求、密码、权限等进行判断。若为读取命令，控制逻辑电路则从存储器中读取有关信息，经加密、编码以及调制后通过标签内的天线发送给读写器；读写器对接收到的标签信号进行解调、解码以及解密后送至计算机处理。

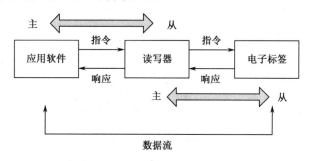

图 6-2　RFT 中的数据流

与此相反，进入读写器能量场就主动发送自身序列号的电子标签被称为 TTF 方式。与 RTF 方式相比，TTF 方式具有识别速度快、在噪声环境中更稳健等特点，在处理标签数量动态变化的场合也更为实用。

6.2　读写器的基本构成

读写器的基本组成包括射频模块（高频接口）、逻辑控制模块和天线三部分，其基本结构如图 6-3 所示。射频模块包含射频接收器和射频发送器，控制系统通常采用专用集成电路（Application Specific Integrated Circuit，ASIC）组件和微处理器来实现其相应功能。

6.2.1　射频模块

射频模块是读写器的射频前端，主要负责射频信号的发射及接收。射频模块完成如下功能。

● 由射频振荡器产生射频能量，射频能量的一部分用于读写器，另一部分通过天线发送给电子标签，激活无源电子标签并为其提供能量。

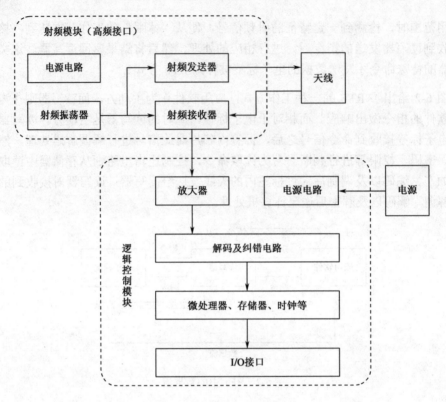

图 6-3　读写器基本结构图

- 将发送给电子标签的信号调制到读写器载频信号上，形成已调制的发射信号，经读写器天线发射出去。
- 将电子标签返回给读写器的回波信号解调，提取出电子标签发送的信号，并将电子标签信号进行放大处理。

　　读写器的发射相关电路主要由调制电路、可变增益放大器、振荡器等组成，如图 6-4 所示，石英晶体振荡器产生系统载波频率，并馈送到由已经编码（如 Manchester、改进型 Miller）的基带信号控制的调制级，进行 ASK 调制，然后根据控制单元的微处理器发出的控制信号来选择可变增益放大器的增益，以确保输出耦合到天线上的磁场强度能够在各标准允许的范围内切换，最后根据实际天线使用情况，设计相应的匹配电路。

　　在读写器接收部分，从天线耦合的负载调制信号首先进入一个选择控制电路，根据控制单元的微处理器发出的控制信号来选择下一步的带通滤波器和解调器。最后，解调后的信号通过电压比较电路后送入解码电路。

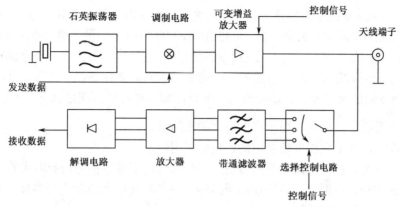

图 6-4　读写器的射频模块框图

6.2.2　逻辑控制模块

读写器的逻辑控制模块是整个读写器工作的控制中心，一般是由微处理器、时钟电路、应用接口以及电源组成的。读写器在工作时由逻辑控制模块发出指令，射频接口模块按照指令做出相应操作。逻辑控制模块可以接收射频模块传输的信号，译码后获得电子标签内信息，或将要写入标签的信息编码后传输给射频模块，完成写标签操作；还可以通过标准接口将标签内容和其他的信息传输给外部设备。逻辑控制模块实现如下功能。

- 对读写器和电子标签的身份进行验证。
- 控制读写器与电子标签之间的通信过程。
- 对读写器与电子标签之间传输的数据进行加密和解密。
- 实现与后端应用程序之间的接口规范。
- 执行防碰撞算法，实现多标签识别功能。

随着微电子技术的发展，人们越来越多地采用数字信号处理器（DSP）来设计读写器。以控制处理模块作为 DSP 核心，辅以必要的附属电路，将基带信号处理和控制软件化。随着 DSP 版本的升级，读写器还可以实现对不同协议电子标签的兼容。

读写器与后端应用系统之间的数据交换通道可采用串口 RS-232 或 RS-485，也可以采用以太网接口，还可以采用 WLAN IEEE 802.11 等无线接口。目前的趋势是集成多通信接口方式，甚至包括 GSM、GPRS、CDMA 等无线通信接口。

6.2.3　天线模块

读写器天线的作用是发射电磁能量以激活电子标签，并向电子标签发出指令，同时也要接收来自电子标签的信息。可以说，读写器天线所形成的电磁场范围就是 RFID 系统的可读区域。任意 RFID 系统至少应该包含一根天线，用来发射或接收射频信号。有些 RFID 系统是用同一天线来完成发射和接收的，但也有些 RFID 系统由一根天线来完成发射，而由另一根天线来完成接收，所采用的天线的形式及数量应视具体应用而定。在电感耦合射频识别系统中，读写器天线用于产生磁通量，磁通量用于向射频标签提供能量，并在读写器和射频标签之间传输信息。因此，读写器天线的设计和选择就必须满足以下基本条件。

- 天线线圈的电流最大，用于产生最大的磁通量。
- 功率匹配，以最大程度地利用磁通量的可用能量。
- 足够的带宽，保证载波信号的传输，这些信号是用数字信号调制而成的。
- 要求低剖面、小型化，读写器由于结构、安装和使用环境等变化多样，读写器产品正朝着小型化方向发展。

目前，RFID 读写器的天线主要有线圈型、微带贴片型、偶极子型三种基本形式。其中小于 1 m 的近距离应用系统的 RFID 天线一般采用工艺简单、成本低的线圈型天线，它们主要适合工作在中低频段；而在 1 m 以上远距离的应用系统需要采用微带贴片型或偶极子型天线，这些类型的天线工作在高频及微波频段。

读写器天线可以外置也可以内置。对于近距离 RFID 系统（如 13.56 MHz 小于 10 cm 的识别系统），天线一般和读写器集成在一起；而对于远距离 RFID 系统（如 UHF 频段大于 3 m 的识别系统），天线和读写器常采取分离式结构，通过阻抗匹配的同轴电缆将读写器和天线连接到一起。与电子标签不同的是，读写器天线一般无尺寸要求，可选择的种类较多。

6.3 读写器的结构形式

读写器具有各种各样的结构和外观形式。根据读写器的应用场合，大致可以将读写器划分为以下几类：固定式读写器、便携式读写器，以及大量特殊结构的读写器。

6.3.1 固定式读写器

固定式读写器是最常见的一种读写器形式，它是将射频控制器和高频接口封装在一个固定的外壳中，完全集成射频识别的功能。有时为了减少设备尺寸、降低成本和便于运输，也可以将天线和射频模块封装在一个外壳单元中，这样就可构成集成式读写器或一体化读写器。工业读卡器和发卡机是常见的固定式读写器，如图 6-5 所示。

（1）工业读写器。对于用在安装或生产设备中的应用，需要采用工业读写器。工业读写器大多具备标准的现场总线接口，以便容易集成到现有设备中，它主要应用在矿井、畜牧、自动化生产等工业领域。这类读写器还满足多种不同的防护需要，甚至有的读写器还带防爆保护措施。

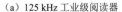

（a）125 kHz 工业级阅读器 　　　　　　　　　　（b）2.4 GHz 远距离阅读器

图 6-5　固定式读写器

（2）发卡机。发卡机也叫作读卡器、发卡器等，主要用来对电子标签进行具体内容的操作，包括建立档案、消费纠正、挂失、补卡，以及信息纠正等，经常与计算机放在一起。从本质上说，发卡机实际上就是小型的射频读写器。

固定式读写器典型的技术指标如下。

● 供电电压：DC 12 V、AC 220 V。
● 天线：分离式天线或双天线、集成天线。
● 通信接口：RS-232、RS-485、以太网口等。
● 工作温度：−30℃～+70℃。

（3）OEM 模块。在很多应用中，并不需要读写器的封装外壳，同时 RFID 读写器也只是作为集成设备中的一个单元，如一些应用需要将读写器集成到数据操作终端、出入控制系统、收款系统及自动装置等。这样只需要标准读写器的射频前端模块，而后端的控制处理模块和 I/O 接口可以大为简化。经过简化的 OEM 读写器模块（见图 6-6）可以作为应用系统设备中的一个嵌入式单元。

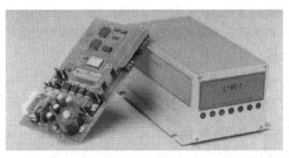

图 6-6　OEM 模块

6.3.2 便携式读写器

便携式读写器（也叫作手持式读写器，如图 6-7 所示）是适合于用户手持使用的一类射频电子标签读写设备，其工作原理与其他形式的读写器完全一样。便携式读写器主要作为检查设备、付款往来的设备、服务及测试工作中的辅助设备等。从外观上看，便携式读写器一般带有 LCD 显示屏，并且带有键盘面板以便于操作或输入数据。通常可以选用 RS-232 接口来实现便携式读写器与 PC 之间的数据交换。

图 6-7　手持式读写器

由于便携式读写器的需求量可能会更大，因而价格可能更低。通常情况下，便携式读写器是一种功能有所缩减、适合短时工作、成本相对低廉的读写装置。在未来的物联网商业应用中，便携式读写器将是应用最为广泛的一类设备。

便携式读写器一般采用大容量、可充电的电池进行供电，操作系统可采用嵌入式 Linux、WinCE 等嵌入式操作系统。根据环境的不同，还可能具有其他的特性，如防水、防尘等。

便携式读写器还有其自身的一些特点，主要包括省电设计以及天线与读写器一体化设计。

（1）省电设计：便携式读写器由于要自带电源工作，因而其所有电源需求均由内部电池供给。由于读写标签功率以及电源转换的效率的要求，和对设备长时间工作的期望等因素，省电设计已成为便携式读写器首先要考虑的问题。

（2）一体化设计：便携式的特点决定了读写器与天线应采用一体化的设计方案。在个别情况下，也可采用可替换的天线以满足对便携式读写器更大读取范围的要求。

便携式读写器典型的技术指标如下。

- 供电电压：6 V 或 9 V。
- 输出功率：小于 500 mW。
- 数据存储：32 MB 闪存、32 MB 内存。

- 天线：内置天线。
- 通信接口：RS-232、RS-485、以太网口等。
- 输入/输出元件：LCD 显示屏、键盘。
- 工作温度：−20℃～+85℃。

6.4　读写器管理技术

读写器是 RFID 信息采集系统中的主要部件之一。随着 RFID 技术的广泛应用，由多个读写器组成读写器网络越来越普遍地出现在各种实际应用系统中，尤其是在供应链管理这样的多环节、大范围的应用中。这些读写器的处理能力、通信协议、网络接口及数据接口均不同，这样多种不同类型的读写器便构成了实际应用系统中常见的异构读写器网络，如何管理这些读写器也成为一个新的问题。

6.4.1　读写器管理协议

所谓的读写器管理，主要是指读写器的配置、监视、控制、认证和协调。最初的读写器管理方法主要是基于读写器设备厂商提供的系统配置功能，典型的如 Alien ALR-9780 读写器，它不仅提供了 IP 地址、DNS、网关等基本参数的设置功能，还提供了频率、功率等射频参数的基本配置功能。随着 RFID 技术的不断发展，这种基于单一读写器管理的方法越来越体现出其局限性，而多读写器管理已成为读写器系统设计中的重要研究方法。

EPCGlobal 作为在超高频 RFID 领域占主导地位的组织，提出了对读写器管理的相应方法，其实质是把读写器管理融入 EPC 网络体系架构中，利用 EPC 网络的元素来实现读写器管理，并且提出了基于 EPC 体系架构的读写器协议（Reader Protocol）。读写器协议指的是 RFID 读写器与后端应用系统之间的接口协议，协议定义了一些需要共同遵守的特征，并且提供了一个标准化的方法处理实现对读写器的访问和控制，这样基于 EPC 体系架构的应用系统就可以实现对不同厂家、不同类型功能的读写器的统一管理和控制访问。

读写器管理协议是分层实现的，共分为三层，即读写器层（Reader Layer）、消息层（Messaging Layer）和传输层（Transport Layer）。读写器层与消息层之间的接口称为消息通道，每一个消息通道都可以在读写器层与消息层之间独立传输消息。两个基本的消息通道如下。

（1）控制通道：用于传输由消息系统向读写器发送请求消息，读写器从该通道接收信息系统主机发送的请求并给予回应。控制通道中交换的消息遵循请求/响应模式，读写器与信息系统主机之间的管理与控制交互主要是通过控制通道完成的。

（2）通知通道：完成由读写器到信息系统主机的异步消息交互，实现由读写器向信息系统主机报告标签的读取信息情况。

读写器管理协议中，提供了基本的读写器管理功能，表现为以下几个方面。

- 读写器 ID 获取：GetReaderID Message。
- 读写器名字管理：GetReaderName Message、SetReaderName Message。
- 读写器制造商信息：GetMfrDescription Message。
- 读写器基本配置：GetReaderConfiguration Message。
- 读写器信号强度：GetSignalStrength Message。

在 EPCGlobal Final Version of July 2005 中，明确地将读写器管理确立为 EPC 网络体系中的一个组成部分，即读写器管理角色。读写器管理角色的任务如下。

- 监控部署区域内每一个读写器的工作状态。
- 管理每一个读写器的配置情况。
- 执行其他读写器管理任务，如读写器自动发现、软件的配置与更新、管理读写器的功耗等。

读写器与读写器管理角色之间的接口称为读写器管理接口，读写器管理接口的主要任务如下。

- 提供方法查询读写器的配置情况，如读写器标识、天线数量等。
- 提供方法监控读写器的工作状态，如标签读取数量、通信信道状态、天线连接性、传输功率级别等。
- 提供方法控制读写器的配置，如使能/禁止某天线或其他特征等。
- 提供方法实现其他读写器管理功能，如读写器自动发现、软件配置及管理读写器功耗等。

上述读写器管理接口协议实际上是依赖于 EPC Class1 Gen2 Tag Protocol 所提供的特征，实际上，EPC Class1 Gen2 Tag Protocol 还考虑了读写器协调功能，即通过最小化读写器之间的干扰，实现读写器网络部署。这一点是通过提供控制读写器功率和载波频率的方法来实现的。

6.4.2　多读写器组网技术

对较大型 RFID 系统中的多个 RFID 读写器进行网络化、集成化管理是实际应用中经常遇到的问题。多个读写器需要连接成一个网络，通过统一的管理指挥系统对多个读写器进行操控。这种多读写器系统的拓扑实现方式可以有如下几种。

（1）将每个读写器的通信串口和多串口卡相连，再将多串口卡的输出端口和计算机系统相连，计算机对数据进行本地过滤和存储操作后接入局域网或者远程网络。多串口卡实际上起到了一个简单的数据中间件的作用，经过简单的设计，可以使多串口卡起到数据过滤与校验的作用。

（2）每个读写器都和计算机直接相连，计算机经过本地数据处理后按照一定的协议向数据库或者获得授权使用这些数据的其他终端分发数据。这种系统拓扑结构明晰，但是成本较高。

（3）所有读写器都和专用数据处理中间件相连，中间件对读写器发送来的数据进行本地过滤处理，然后直接传入网络。这种结构可以很方便地将读写器数据直接进行网络传输，对数据进行网络操控和管理。中间件可能还会兼容不同协议的读写器。

一般来讲，RFID 多读写器网络系统应该根据用户现有的网络布线情况和网络操控功能需求进行设计。例如，对于不具备网络条件的应用环境，可选的方案是通过多串口卡或者中间件将系统连入网络；对于网络条件比较便利、又不太考虑成本因素的情况，则可以考虑将每台读写器和计算机分别相连，每台计算机均单独接入计算机，进行数据传输和共享。

除了上述情况，在一些特殊应用场合，还可以通过微波、卫星通信等方式实现读写器到数据管理系统的信息传播。微波是利用高频无线电波在空气中的传播来进行通信的，读写器将数据信号载波到高频微波信号上定向发射，接收站将信号捕获后进行收发处理或转发。微波是直线传播的，具有高度的方向性，另外，如果信号传输超过一定距离（最大 50 km），则需要中继站进行接力传输。

6.4.3　读写器发展趋势

随着 RFID 技术的不断发展，读写器将朝着多功能、多制式兼容、多频段兼容、小型化、多数据接口、便携式、多智能天线端口、嵌入式和模块化的方向发展，而且成本也将越来越低。

（1）多功能。为了适应市场对射频识别系统多样性和多功能的要求，读写器将集成更多更加方便实用的功能。同时为了适应某些便利的应用，读写器将具有更多的智能性，具备一定的数据处理能力，可以按照一定的规则将应用系统处理程序下载到读写器中。这样，读写器就可以脱离中央处理计算机，脱机情况下工作，完成门禁、报警等功能。

（2）多制式兼容。由于目前全球没有统一的射频识别技术标准，但是随着射频识别技术的逐渐统一，只要这些标签协议是公开的或者是经过许可的，某些厂家的读写器将兼容多种不同制式的电子标签，以提高产品的应用适应能力和市场竞争力。

（3）多频段兼容。由于目前缺乏一个全球统一的射频识别频率，不同国家和地区的射频识别产品具有不同的频率。为了适应不同国家和地区的需要，读写器将朝着兼容多个频段，输出功率数字可控等方向发展。

（4）成本更低。相对来说，目前大规模的射频识别应用，其成本还是比较高的，随着市场的普及和技术的发展，读写器乃至整个射频识别系统的应用成本将会越来越低。

（5）多种通信数据接口。读写器的空中界面和网络界面可以根据通信量进行改变，以适应不同的通信速率；读写器提供灵活的多种接口以供用户选择，如 RS-232、RS-485、USB、红外、以太网口、无线网络接口，以及其他各种自定义接口。

（6）小型化。这是读写器市场发展的一个必然趋势。随着射频识别技术的应用不断增多，人们对读写器使用是否足够方便提出了更高的要求，这就要求不断采用新的技术来减小读写器的体积，使得读写器方便携带，容易使用以及易于与其他的系统进行连接，从而使得接口模块化。

6.4　本章小结

作为 RFID 系统的一个重要组成部分，读写器起到了连接电子标签与应用系统的基础性作用。本章首先介绍了 RFID 读写器的基本原理、基本组成及各种结构形式，然后对 RFID 读写器应用中的管理和组网技术、发展趋势进行了介绍。

思考与练习

（1）读写器在 RFID 系统中起到了哪些作用？
（2）简要说明读写器的工作原理。
（3）读写器有哪几部分组成？简述各个部分的功能。
（4）读写器天线设计需要考虑哪些因素？结合第 2 章的知识，考虑应该如何设计其谐振电路？
（5）什么是读写器管理？读写器管理协议是如何实现的？
（6）RFID 读写器有哪些发展趋势？
（7）多个读写器如何组成 RFID 系统？

第 **7** 章

编码与调制

RFID 系统的核心功能是实现读写器与电子标签之间的信息传输。以读写器向电子标签的数据传输为例，被传输的信息分别需要经过读写器中的信号编码、调制，然后经过传输介质（无线信道），以及电子标签中的解调和信号解码。其中，信号编码系统包括信源编码和信道编码两大类，其作用是把要传输的信息尽可能最佳地与传输信道相匹配，并提供对信息的某种保护以防止信息受到干扰。调制是将信息寄托在载波信号的某一参量上（如连续波的振幅、频率或相位），调制后的信号具有两个基本特征：携带有信息和适合在信道中传输。在 RFID 系统中，载波信号除了可以作为信息的载体外，还具有为无源电子标签提供能量的作用，这一点与其他无线通信系统有所不同。本章将具体介绍 RFID 系统常用的编码和调制方法。

7.1 RFID 系统的通信过程

数字通信系统是利用数字信号来传输信息的通信系统，其结构如图 7-1 所示，图中，信源编码与信源译码的目的是提高信息传输的有效性以及完成模/数转换等；信道编码与信道译码的目的是增强信号的抗干扰能力，提高传输的可靠性；数字调制是改变载波的某些参数（如振幅、频率等），使其按照将要传输信号的特点变化而变化的过程，通过将数字基带信号的频谱搬移到高频处，形成适合在信道中传输的带通信号。按照信道所采用的传输介质，信道一般可分为有线信道和无线信道。解调和译码分别是调制和编码的逆过程。

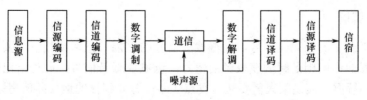

图 7-1 数字通信系统结构

在 RFID 系统中，读写器和电子标签之间的数据传输方式与基本的数字通信系统结构类似。读写器与电子标签之间的数据传输是双向的，这里以读写器向电子标签传输数据为例说明其通信过程。读写器中的信号经过信号编码、调制器、传输介质（无线信道），以及电子标签中的解调器和信号译码等处理，如图 7-2 所示。

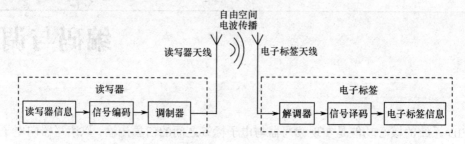

图 7-2　RFID 系统基本通信结构框图（以读写器向电子标签发送数据为例）

1. 编码与解码

信号编码的作用是对发送端要传输的信息进行编码，使要传输的信号与信道相匹配，防止信息受到干扰或发生碰撞。根据编码目的的不同，编码主要包括信源编码和信道编码。

（1）信源编码与信源解码。信源编码是对信源输出的信号进行变换，就 RFID 而言，编码的对象通常是存储器中数字信息。信源解码是信源编码的逆过程。

在 RFID 系统中，当电子标签是无源标签时，经常要求基带编码在每两个相邻数据位元间具有跳变的特点，相邻数据间的码跳变不仅可以在连续出现"0"时保证对电子标签的能量供应，而且便于电子标签从接收码中提取时钟信息。

（2）信道编码与信道解码。信道编码是对信源编码器输出的信号进行再变换，是为了区分通路、适应信道条件，以及提高通信可靠性而进行的编码。信道编码的主要目的是前向纠错，以增强数字信号的抗干扰能力。数字信号在信道传输时会受到噪声等因素影响引起差错，为了减少差错，发送端的信道编码器对传输的信号码元按一定的规则加入保护成分（监督元），组成抗干扰编码。接收端的信道编码器按相应的逆规则进行解码，从而发现错误或纠正错误，以提高通信系统传输的可靠性。

2. 调制与解调

调制器用于改变高频载波信号，使得载波信号的振幅、频率或相位与要发送的基带信号相关。解调器的作用则是解调获取到的信号，以重现基带信号。此处给出一个形象的例子来说明调制和解调，假设某人需要从出发点（即信源）到目的地（即信宿），由于天气刮风下雨（可理解为受到噪声的影响），此人需乘车前往，则这个人相当于我们所说的调制信号，而汽车在这里相当于载波，人在出发点上车的过程可以理解为调制的过程，而在目的

处下车的过程则可理解为解调的过程。从技术角度讲，信号需要调制的因素包括：

（1）工作频率越高带宽就越大。要使信号的能量能以电场和磁场的形式向空中发射出去传向远方，需要较高的振荡频率方能使电场和磁场迅速变化。例如，当工作频率为 1 GHz 时，若传输的相对带宽为 10% 时，可以传输 100 MHz 带宽的信号；当工作频率为 1 MHz 时，若传输的相对带宽也为 10%，只可以传输 0.1 MHz 带宽的信号。通过比较可以看出，工作频率越高，带宽就越大。

（2）工作频率越高天线尺寸就越小。由天线知识可知，只有当馈送到天线上的信号波长和天线的尺寸可以相比拟时，天线才能有效地辐射或接收电磁波。电磁波的波长 λ 和频率 f 之间的关系为

$$\lambda = c/f$$

式中，c 为光速，$c=3\times10^8$ m/s。

如果信号的频率太低，则无法产生迅速变化的电场和磁场，同时它们的波长又太大，如 20 000 Hz 频率下波长仍为 15 000 m，实际中是不可能架设这么长的天线。因此，要把信号传输出去，必须提高频率，缩短波长。常用的一种方法是将信号"搭乘"在高频载波上，也就是高频调制，借助于高频电磁波将低频信号发射出去。

（3）信道复用。一般每个需要传输的信号占用的带宽都小于信道带宽，因此，一个信道可由多个信号共享。但是未经调制的信号很多都处于同一频率范围内，接收端难以正确识别，一种解决方法是将多个基带信号分别搬移到不同的载频处，从而实现在一个信道里同时传输许多信号，提高信道利用率。

7.2　RFID 信源编码方法

信源编码是指将模拟信号转换成数字信号，或将数字信号编码成更适合传输的数字信号。RFID 系统中读写器和电子标签所存储的信息都已经是数字信号，因此本书介绍的编码均为数字信号的编码。

在实际应用的 RFID 系统中，选择编码方法的考虑因素有很多。例如，无源标签需要在与读写器的通信过程中获得自身的能量供应；为了保证系统的正常工作，信道编码方式必须保证不中断读写器对电子标签的能量供应。数据编码一般又称为基带数据编码，常用的数据编码方法有反向不归零编码、曼彻斯特编码、密勒编码、修正密勒编码等，这几种典型的编码方式如图 7-3 所示，下面将详细介绍这几种编码。

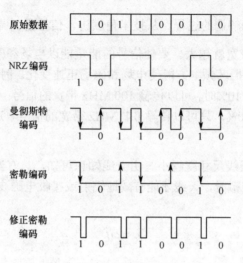

图 7-3　几种数据编码波形图

1. 反向不归零编码

反向不归零编码（Non Return Zero，NRZ）用高电平表示二进制"1"，低电平表示二进制"0"。反向不归零码一般不宜用于实际传输中，主要有以下原因：

● 存在直流分量，信道一般难以传输零频附近的频率分量；

● 接收端判决门限与信号功率有关，使用不方便；

● 不能直接用来提取位同步信号，因为 NRZ 中不含有位同步信号频率成分；

● 要求传输线中有一根接地。

在 RFID 系统应用中，为了能很好地解决读写器和电子标签通信时的同步问题，往往不使用数据的反向不归零编码直接对射频信号进行调制，而是将数据的反向不归零码进行某种编码后再对射频信号进行调制，所采用的编码方法主要有曼彻斯特编码、密勒码和修正密勒码等。

2. 曼彻斯特编码

曼彻斯特编码也称为分相编码（Split Phase Coding），某位的值是由半个位周期（50%）的电平变化（上升/下降）来表示的。在半个位周期时的负跳变（即电平由 1 变为 0）表示二进制"1"，正跳变（即电平由 0 变为 1）表示二进制"0"。

在采用副载波的负载调制或者反向散射调制时，曼彻斯特编码通常用于从电子标签到读写器方向的数据传输，这有利于发现数据传输的错误。比如，当多个电子标签同时发送的数据位有不同值时，接收的上升边和下降边互相抵消，导致在整个位长度副载波信号是不跳变的，但由于该状态是不允许的，所以读写器利用该错误就可以判定碰撞发生的具体

位置。

曼彻斯特编码是一种自同步的编码方式，其时钟同步信号隐藏在数据波形中。在曼彻斯特编码中，每一位的中间跳变既可作为时钟信号，又可作为数据信号，因此具有自同步能力和良好的抗干扰性能。

3. 密勒（Miller）编码

密勒编码规则为：对于原始符号"1"，用码元起始不跳变而中心点出现跳变来表示，即用10或01表示；对于原始符号"0"，则分成单个"0"还是连续"0"予以不同的处理，单个"0"时，保持"0"前的电平不变，即在码元边界处电平不跳变，在码元中间点电平也不跳变；对于连续两个"0"，则使连续两个"0"的边界处发生电平跳变。密勒码的编码规则如表7-1所示。

表7-1　密勒码编码方法

Bit $i-1$	Bit i	编 码 规 则
0	0	Bit i 的起始位置发生跳变，中间位置不跳变
0	1	Bit i 的起始位置不跳变，中间位置发生跳变
1	0	Bit i 的起始位置不跳变，中间位置也不跳变
1	1	Bit i 的起始位置不跳变，中间位置发生跳变

密勒码的解码方法是以2倍时钟频率读入位值后再判决解码的。首先，读出0→1的跳变后，表示获得了起始位，然后每两位进行一次转换：01和10都译为1，00和11都译为0。密勒码停止位的电位随前一位的不同而变化，既可能为00，也可能为11，因此，为保证起始位的一致，停止位后必须规定位数的间歇。此外，在判别时若结束位为00，则问题不大，后面再读入也为00，则可判知前面一个00为停止位。但若停止位为11，则再读入4位才为0000，而实际上，停止位为11，而不是第一个00。解决这个问题的办法就是预知传输的位数或以字节为单位传输，这两种方法在RFID系统中均可实现。

4. 修正密勒码

修正密勒码是ISO/IEC 14443（Type-A）规定使用的从读写器到电子标签的数据传输编码。以ISO/IEC 14443（Type-A）为例，修正密勒码的编码规则为：每位数据中间有个窄脉冲表示"1"，数据中间没有窄脉冲表示"0"，当有连续的"0"时，从第二个"0"开始在数据的起始部分增加一个窄脉冲。该标准还规定起始位的开始处也有一个窄脉冲，而结束位用"0"表示。如果有两个连续的位开始和中间部分都没有窄脉冲，则表示无信息。

该规则描述为：Type-A首先定义如下三种时序。

● 时序X：在64/f处产生一个凹槽。

- 时序 Y：在整个位期间（128/f）不发生调制。
- 时序 Z：在位期间的开始处产生一个凹槽。

其中，f 为载波频率，即 13.56 MHz，凹槽脉冲的时间长度为 0.5～3.0 μs，用这三种时序对数据帧进行编码即修正密勒码，其编码规则如下。

- 逻辑 1 为时序 X。
- 逻辑 0 为时序 Y。
- 数据传输开始时用时序 Z 表示。
- 数据传输结束时用逻辑 0 加时序 Y 表示。
- 无信息传输时用至少两个时序 Y 表示。

但两种情况除外：若相邻有两个或者更多的 0，则从第二个 0 开始采用时序 Z；直接与起始位相连的所有 0，用时序 Z 表示。

修正密勒码编码电路原理图和时序图如图 7-4 所示。假设输入数据为 011010，则图 7-4（a）所示原理图中有关部分的波形如图 7-4（b）所示。其中，波形 c 实际上是曼彻斯特编码的反相波形，用它的上升沿输出便产生了密勒码，而用其上升沿产生一个凹槽就是修正密勒码。

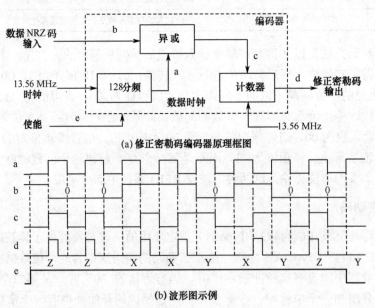

(a) 修正密勒码编码器原理框图

(b) 波形图示例

图 7-4　修正密勒码编码电路原理图和时序图

7.3 差错控制编码（信道编码）

在读写器与电子标签的无线通信中，有许多干扰因素存在，最主要的干扰因素是信道噪声和多标签操作，这些干扰会导致传输的信号发生畸变，从而使传输出现错误。为了提高数字传输系统的可靠性，有必要采用差错控制编码，对可能或者已经出现的差错进行控制。采用恰当的信道编码，能显著提高数据传输的可靠性，从而使数据保持完整性。

差错控制编码的基本实现方法是在发送端将被传输的信息附上一些监督码元，这些多余的码元与信息码元之间以某种确定的规则相互关联（约束）。接收端则按照既定规则校验信息码元与监督码元之间的关系，差错会导致信息码元与监督码元的关系受到破坏，因而接收端可以发现错误乃至纠正错误。

7.3.1 差错控制编码的相关概念

（1）信息码元与监督码元。信息码元又称为信息序列或信息位，这是发送端由信源编码得到的被传输的信息数据比特。在二元码的情况下，由信息码元组成的信息码组为 k 个，不同信息码元取值的组合共有 2^k 个。监督码元又称为监督位或者附加数据比特，这是为了检纠错码而在信道编码时加入的判断数据位。监督码元通常以 r 来表示，即

$$n=k+r \tag{7.1}$$

式中，经过分组编码后的总长为 n 位，其中信息码长（码元数）为 k 位，监督码长（码元数）为 r 位，通常称其为 n 的码字。

（2）许用码组与禁用码组。若码组中的码元数位为 n，在二元码的情况下，总码组数位 2^n 个。其中被传输的信息码组为 2^k 个，称为许用码组，其余的 2^n-2^k 个码组不予传输，称为禁用码组。寻求某种规则从总码组中选出许用码组是发送端编码的主要任务，而接收端解码的任务是利用相应的规则来判断及校正收到的码字符合许用码组。

（3）编码效率。编码效率是衡量编码性能好坏的一个重要参数，具体表示为码字中信息位占总码元数的比例。编码效率的高低，直接影响信道中用来传输信息码元的有效利用率。编码效率的计算公式为

$$R = \frac{k}{n} = \frac{k}{k+r} \tag{7.2}$$

编码效率是衡量纠错码性能的一个重要指标，一般情况下，监督位越多（即 r 越大），检纠错能力越强，但相应的编码效率也随之降低了。

（4）码字、码组、码长、码重与码距。码字由若干个码元组成，如 10011001。码组是多个码字构成的集合，如{001100, 001010, 011101, 001011, 101011}。码长是指码组中编码的总位数，如码组"01001"的码长为5、码组"100101"的码长为6。码组中非"0"码元的数目，即"1"码元的个数，称为码组的重量，简称码重，常用 W 表示，如码组"11101"的码重为 4W，码组"110101"的码重也为 4W，它反映一个码组中"0"和"1"的比重。所谓码元距离就是两个等长码组之间对应码位上码元不同的个数，简称码距，也称为汉明距。码距反映的是码组之间的差异程度，如 00 和 01 两组的码距为 1，011 和 100 的码距为 3。那么，多个码组之间相互比较，可能会有不同的码距，其中的最小值被称为最小码距（用 d_0 表示），它是衡量编码纠/检错能力的重要依据。例如，010、101、110 三个码组相比较，码距有 1、2 和 3 三个值，则最小码距为 $d_0=1$。

（5）系统码与非系统码。在线性分组码中，所有码组的 k 位信息码元在编码前后保持原来形式的码称为系统码，反之就是非系统码。系统码与非系统码在性能上大致相同，而且系统码的编/译码都相对比较简单，因此得到了广泛的应用。

（6）纠正随机错误码和纠正突发错误码。顾名思义，前者用于纠正因信道中出现的随机独立干扰引起的误码，后者主要对付信道中出现的突发错误。

7.3.2 常用的差错控制编码

最常用的差错控制编码有奇偶校验法、循环冗余校验法和汉明码等。这些方法用于识别数据是否发生传输错误，并且可以启动校正措施，或者舍弃传输发生错误的数据，要求重新传输有错误的数据块。

1. 奇偶校验法

奇偶校验法是一种很简单并且广泛使用的校验方法，这种方法是在每一字节中加上一个奇偶校验位，并被传输，即每个字节发送 9 位数据。数据传输以前通常会确定是奇校验还是偶校验，以保证发送端和接收端采用相同的校验方法进行数据校验。如果校验位不符，则认为传输出错。奇偶校验法又分为奇校验法和偶校验法。

奇偶校验的编码规则是：把信息码先分组，形成多个许用码组，在每一个许用码组最后（最低位）加上 1 位监督码元，加上监督码元后使该码组 1 的数目为奇数的编码称为奇校验码，为偶数的编码则称为偶校验码。根据编码分类，可知奇偶校验码属于一种检错、线性、分组系统码。奇偶校验码的监督关系可以用以下公式进行表述。假设一个码组的长度为 n（在计算机通信中，常为 1 个字节），表示为 $A=(a_{n-1}, \cdots, a_1, a_0)$，其中前 $n-1$ 位是信息码，最后一位 a_0 为校验码（或监督码），那么，对于偶校验码必须保证

$$a_{n-1} \oplus \cdots \oplus a_1 \oplus a_0=0 \tag{7.3}$$

校验码元（或监督码元）a_0 的取值（0 或 1）可由（7.4）式决定，即

$$a_0=a_{n-1} \oplus \cdots \oplus a_1 \tag{7.4}$$

对于奇校验来说，要求必须保证

$$a_{n-1} \oplus \cdots \oplus a_1 \oplus a_0=1 \tag{7.5}$$

校验码元（或监督码元）a_0 的取值（0 或 1）可由（7.6）式决定，即

$$a_0=a_{n-1} \oplus \cdots \oplus a_1 \oplus 1 \tag{7.6}$$

奇偶校验法并不是一种安全的检错方法，其识别错误的能力较低。如果发生错误的位数为奇数，那么错误可以被识别，而当发生错误的位数为偶数时，错误就无法被识别了，这是因为错误互相抵消了。数位的错误，以及大多数涉及偶数个位的错误都有可能检测不出来。它的缺点在于：当某一数据分段中的一个或者多位被破坏时，并且在下一个数据分段中具有相反值的对应位也被破坏，那么这些列的和将不变，因此接收端不可能检测到错误。常用的奇偶校验法为水平奇偶校验、垂直奇偶校验和水平垂直奇偶校验。

奇偶校验码检错能力低且不能检测突发错误，为了克服这个缺点，对奇偶校验码进行改进，得到了水平奇偶监督码。其基本原理是先将经过简单奇偶校验编码的码组按行排列成方阵，每一行是一个码组，若有 n 个码组则方阵就有 n 行。例如，经过奇偶校验编码的 7 个码组 01011011001、01010100100、00110000110、11000111001、00111111110、000100 11111、11101100001 排成方阵共有 7 行，见表 7-2。传输时发送端按列进行传输，即 000100111 010010010101…10001011。接收端按列接收后再按行还原成发送端的方阵，然后按行进行奇偶校验，则纠错情况就会发生变化。观察该表可见，因为是逐列发送的，在一列中不管出现几个误码（即偶数个或奇数个），对应在每一行都只是一位误码，所以都可以通过水平奇偶校验检验出来；但对于每一行（一个码组）而言仍然只能检出所有奇数个错误。与简单奇偶校验编码相比，它除了具备奇偶校验码的检错能力外，还可以检出所有长度小于行数（码组数）的突发错误。在实现水平奇偶校验时，一定要使用数据缓冲器。

表 7-2 水平奇偶校验

信 息 码 元	监 督 码 元	信 息 码 元	监 督 码 元
0101101100	1	0101010010	0
0011000011	0	1100011100	1
0011111111	0	0001001111	1
1110110000	1	—	—

垂直奇偶校验跟水平奇偶校验的编码原理相同，垂直奇偶校验是在每一列的后面加上监督位，它能检测出每列中发生的奇数个错误、偶数个错误，因而对差错的漏检率接近 1/2，

比水平奇偶校验的漏检率要高。

在上述水平奇偶校验编码的基础上，若再加上垂直奇偶校验编码就可构成水平垂直奇偶校验码。比如，对表 7-2 的 7 个码组再加上一行就构成水平垂直奇偶校验码，如表 7-3 所示。水平垂直奇偶校验码在发送时仍按列发送，接收端顺序接收后仍还原成表 7-3 所示的方阵形式，这种码既可以逐行传输，也可以逐列传输。水平垂直奇偶校验码比简单奇偶校验码多了个列校验，因此，其检错能力有所提高。除了可以检出行中的所有奇数个误码及长度不大于行数的突发性错误外，还可检出列中的所有奇数个误码及长度不大于列数的突发性错误，同时还能检出码组中大多数出现偶数个错误的情况。比如，在码组 1 中，头两位发生错误，从 01 变成 10，则第 1 列的 1 就变成 3 个，第 2 列的 1 也变成 3 个，而两列的校验码元都是 0，所以可以查出这两列有错误。也就是说，码组中出现 2 位（偶数位）误码，但具体是哪一个码组（哪一行）出现误码还无法判断。

表 7-3　水平垂直奇偶校验码

信 息 码 元	监 督 码 元
0101101100	1
0101010010	0
0011000011	0
1100011100	1
0011111111	0
0001000111	1
1110110000	1
0011100001	0

2. 循环冗余校验法

循环冗余校验（Cyclic Redundancy Check，CRC）法由分组线性码的分支而来，主要应用于二元码组，是数据通信领域中最常见的一种差错校验方法，它是利用除法及余数的原理来进行错误检测的，是一种较为复杂的校验方法，它不产生奇偶校验码，而是将整个数据块当成一个连续的二进制数据 $M(x)$，在发送时将多项式 $M(x)$ 用另一个多项式（被称为生成多项式 $G(x)$）来除，然后利用余数进行校验。从代数的角度可将 $M(x)$ 看成一个多项式，即 $M(x)$ 可被看成系数是 0 或 1 的多项式，一个长度为 m 的数据块可以看成 x_{m-1} 到 x_0 的 m 次多项式的系数序列。例如，一个 8 位二进制数 10110101 可以表示为

$$1x^7+0x^6+1x^5+1x^4+0x^3+1x^2+0x+1$$

在实际应用时，发送装置计算出 CRC 校验码，并将 CRC 校验码附加在二进制数据 $M(x)$ 后面一起发送给接收装置，接收装置根据接收到的数据重新计算 CRC 校验码，并将计算出的 CRC 校验码与收到的 CRC 校验码进行比较，若两个 CRC 校验码不同，则说明数据通信

出现错误，要求发送装置重新发送数据。该过程也可以表述为：发送装置利用生成多项式 $G(x)$ 来除以二进制数据 $M(x)$，将相除结果的余数作为 CRC 校验码附在数据块之后发送出去，接收时先对传输过来的二进制数据用同一个生成多项式 $G(x)$ 去除，若能除尽即余数为 0，说明传输正确，若除不尽说明传输有差错，可要求发送方重新发送一次。

采用循环冗余校验法能检查出所有的单位错误和双位错误，以及所有具有奇数位的差错和所有长度小于等于校验位长度的突发错误，能查出 99%以上比校验位长度稍长的突发性错误。其误码率比水平垂直奇偶校验法还可降低 1～3 个数量级，因而得到了广泛采用。

CRC 校验码的计算是一种循环过程，包括了要计算其 CRC 值的数据字节，以及所有前面的数据字节的 CRC 值，数据块中的每一被校验过的字节都用来计算整个数据块的 CRC 值。CRC 校验码是 $M(x)$ 与 $G(x)$ 相除后所得的余项。要计算数据块 $M(x)$ 的 CRC 校验码，生成多项式 $G(x)$ 必须比该多项式短，且生成多项式 $G(x)$ 的高位和低位必须为 1。CRC 的基本思想是：将 CRC 校验码加在数据块的尾部，使这个带 CRC 校验码的多项式能够被生成多项式除尽。当接收设备收到带校验码的数据块时，用生成多项式去除，如果有余数，则数据传输出错。计算 CRC 校验码和带 CRC 校验码的发送数据 $T(x)$ 的算法如下。

（1）设 $G(x)$ 为 r 阶，在数据块 $M(x)$ 的末尾附加 r 个零，使数据块变为 $m+r$ 位，则相应的多项式为 $xrM(x)$。

（2）按模 2 除法用对应于 $G(x)$ 的位串去除对应于 $xrM(x)$ 的位串。

（3）按模 2 减法从对应于 $xrM(x)$ 的位串中减去余数（总是小于等于 1），结果就是要传输的带循环冗余校验码的数据块，即多项式 $T(x)$。

3. 汉明码

当计算机存储或移动数据时，可能会产生数据位错误，这时可以利用汉明码来检测并纠错。简单地说，汉明码是一个错误校验码码集，由 Bell 实验室的 R. W. Hamming 发明，因此定名为汉明码。

汉明码是一种线性分组码。编码原理如下：设码长为 n，信息位长度为 k，监督位长度为 $r=n-k$，如果需要纠正一位出错，因为长度为 n 的序列上每一位都可能出错，一共有 n 种情况，另外还有不出错的情况，所以我们必须用长度为 r 的监督码表示出 $n+1$ 种情况，而长度为 r 的监督码一共可以表示 $n+1$ 种情况。因此 $2^r \geq n+1$，即 $r \geq \log_2(n+1)$。假设 $k=4$，需要纠正一位错误，则 $2^r \geq n+1=k+r+1=4+r+1$，解得 $r \geq 3$。我们取 $r=3$，则码长为 3+4=7。用 a_6，a_5，…，a_0 表示这 7 个码元。用 S_1，S_2，S_3 表示三个监督关系式中的校正子。我们做如表 7-4 所示的规定（这个规定是任意的）。

表 7-4 校正子组合情况

S_1	S_2	S_3	错码的位置
0	0	1	a_0
0	1	0	a_1
1	0	0	a_2
0	1	1	a_3
1	0	1	a_4
1	1	0	a_5
1	1	1	a_6
0	0	0	无错

按照表中的规定可知，仅当一个错码位置在 a_2，a_4，a_5 或 a_6 时校正子 S_1 为 1，否则 S_1 为 0。这就意味着 a_2、a_4、a_5、a_6 四个码元构成偶校验关系，即

$$S_1 = a_6 \oplus a_5 \oplus a_4 \oplus a_2 \tag{7.7}$$

同理，可以得到

$$S_2 = a_6 \oplus a_5 \oplus a_3 \oplus a_1 \tag{7.8}$$

$$S_3 = a_6 \oplus a_4 \oplus a_3 \oplus a_0 \tag{7.9}$$

在发送信号时，信息位 a_6、a_5、a_4、a_3 的值取决于输入信号，是随机的。监督位 a_2、a_1、a_0 应该根据信息位的取值按照监督关系决定，即监督位的取值应该使式（7.7）、式（7.8）和式（7.9）中的 S_1、S_2、S_3 为 0，这表示初始情况下没有错码，即

$$a_6 \oplus a_5 \oplus a_4 \oplus a_2 = 0$$

$$a_6 \oplus a_5 \oplus a_3 \oplus a_1 = 0$$

$$a_6 \oplus a_4 \oplus a_3 \oplus a_0 = 0$$

由上式进行移项运算，可得到

$$a_2 = a_6 \oplus a_5 \oplus a_4$$

$$a_1 = a_6 \oplus a_5 \oplus a_3$$

$$a_0 = a_6 \oplus a_4 \oplus a_3$$

已知信息位后，根据上式即可计算出 a_2、a_1、a_0 三个监督位的值。接收端收到每个码组后，先按照式（7.7）、式（7.8）和式（7.9）计算出 S_1、S_2、S_3，然后查表可知错码情况。例如，若接收到的码字为 0000011，按照式（7.7）、式（7.8）和式（7.9）计算得到

$$S_1=0, \qquad S_2=1, \qquad S_3=1$$

查表可得在 a_3 位有一个错码。这种编码方法的最小汉明距离为 $d=3$，所以这种编码可以纠正一个错码或者检测两个错码。

现以数据码 1101 为例讲讲汉明码的编码，此时，$k=4$，那么 $r=3$，有 $k_8=1$、$k_4=1$、$k_2=0$、$k_1=1$（k_x 中的 x 是 2 的整数幂），在 r_1 编码时，先将 k_8、k_4、k_1 的二进制码相加，结果为奇数 3，汉明码对奇数结果编码为 1，偶数结果为 0，因此 r_1 值为 1，$k_8+k_2+k_1=2$，为偶数，那么 r_2 值为 0，$k_4+k_2+k_1=2$，为偶数，r_3 值为 0。这样我们将 r_1，r_2 与 r_3 分别插入第 2^0 位、第 2^1 位与第 2^2 位，汉明码处理的结果就是 1010101，在这个 4 位数据码的例子中，我们可以发现每个汉明码都是以三个数据码为基准进行编码的，它们的对应关系如表 7-5 所示。

表 7-5　汉明编码对应表

汉　明　码	编码用的数据码
r_1	k_8、k_4、k_1
r_2	k_8、k_2、k_1
r_3	K_4、k_4、k_1

在编码形式上，汉明码是一个校验很严谨的编码方式。在这个例子中，通过对 4 个数据位的 3 个位的 3 次组合检测来达到具体码位的校验与修正的目的（不过只允许一个位出错，两个出错就无法检查出来了，这从下面的纠错例子中就能体现出来）。在校验时把每个汉明码与各自对应的数据位值相加，如果结果为偶数（纠错代码为 0）就是正确的；如果为奇数（纠错代码为 1）则说明当前汉明码所对应的三个数据位中有错误，此时再通过其他两个汉明码各自的运算来确定具体是哪个位出了问题。用刚才的例子来说，正确的编码应该是 1010101，如果第二个数据位在传输途中因干扰而变成了 1，就成了 1010111。检测时，若 $r_1+k_8+k_4+k_1$ 的结果是偶数 4，第一位纠错代码为 0，正确；若 $r_2+k_8+k_2+k_1$ 的结果是奇数 3，第二位纠错代码为 1，有错误；若 $r_3+k_4+k_2+k_1$ 的结果是奇数 3，第三位纠错代码为 1，有错误。那么具体是哪个位有错误呢？三个纠错代码从高到低排列为二进制编码 110，换算成十进制就是 6，也就是说第 6 位数据错了，而数据第三位在汉明码编码后的位置正好是第 6 位。

7.4　RFID 系统调制方法

在通信中，通常会有基带信号和频带信号。基带信号也就是原始信号，通常具有较低的频率成分，不适合在无线信道中进行传输。在通信系统中，由一个载波来运载基带信号，调制就是使载波信号的某个参量随基带信号的变化而变化，从而实现基带信号转换成频带信号。在通信系统的接收端对应要有解调过程，其作用是将信道中的频带信号恢复为基带信号。

数字调制是指把数字基带信号调制到载波的某个参数上，使得载波的参数（幅度、频率、相位）随数字基带信号的变化而变化，因此数字调制信号也称为键控信号。数字调制中的调幅、调频和调相分别称为移幅键控（ASK）、移频键控（FSK）和移相键控（PSK）。

7.4.1 振幅键控

二进制振幅键控（2ASK）方法是数字调制中最早出现，也是最简单的一种调制方法。在二进制数字调制中，载波的幅度只有两种变化，分别对应二进制信息的"1"和"0"。目前电感耦合 RFID 系统常采用 ASK 调制方式，如 ISO/IEC 14443 及 ISO/IEC 15693 标准均采用 ASK 调制方式。下面介绍二进制 ASK 调制方式。

1. 调制

在振幅调制中，载波的振幅随着调制信号的变化而变化，而其频率始终保持不变。二进制振幅键控信号可以表示成具有一定波形的二进制序列（二进制数字基带信号）与正弦载波的乘积，即

$$v(t) = s(t)\cos\omega_c t$$

如图 7-5（a）所示，其中，$\cos\omega_c t$ 为载波，$s(t)$ 为二进制序列，即

$$s(t) = \sum a_n g(t - nT_s)$$

式中，T_s 为码元持续时间，$g(t)$ 为持续时间为 T_s 的基带脉冲波形，通常是假设高度为 1，宽度等于 T_s 的矩形脉冲；a_n 表示第 n 个符号的电平取值。在二进制编码中，载波振幅在 0、1 两种状态之间切换（键控）。

$$a_n = \begin{cases} 1, & \text{概率为 } P \\ 0, & \text{概率为 } 1-P \end{cases}$$

2ASK 信号波形图如图 7-5（b）所示。

2. 解调

二进制移幅键控信号有两种基本的解调方法：非相干解调（包络检波法）和相干解调。

非相干解调的过程如图 7-6（a）所示，输入信号为调制后的信号 $v(t)$，依次经过带通滤波器、全波整流器、低通滤波器和抽样判决器，最后输出解调后的信号，其波形如图 7-6（b）所示。与图 7-5 相比较可知，调制前的信号被完整地恢复出来了。

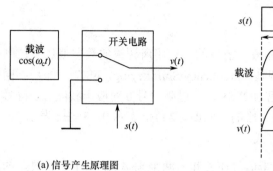

(a) 信号产生原理图

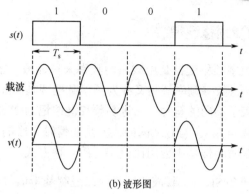

(b) 波形图

图 7-5　2ASK 信号产生与波形图

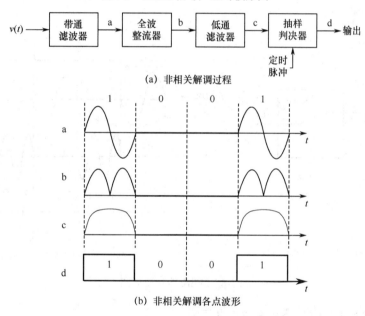

(a) 非相关解调过程

(b) 非相关解调各点波形

图 7-6　2ASK 信号非相干解调原理图

相干解调的原理框图如图 7-7 所示，输入信号为调制后的信号 $v(t)$，依次经过带通滤波器、相乘器、低通滤波器和抽样判决器，最后输出解调后的信号。与非相关不同的是，此次用到了与调制时的载波信号 $\cos \Omega_c t$，因此被称为相干解调。

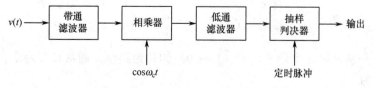

图 7-7　2ASK 信号相干解调原理图

7.4.2　频移键控

数字频移键控是用载波的频率来传输数字消息的，即用所传输的数字消息来控制载波的频率。数字频率调制又称为频移键控调制（Frequency Shift keying，FSK），即用不同的频率来表示不同的符号。二进制频移键控记为 2FSK，二进制符号 0 对应于载波 f_1，符号 1 对应于载频 f_2，f_1 与 f_2 之间的改变是在瞬时完成的，例如，2 kHz 表示 0，3 kHz 表示 1。频移键控是数字传输中应用比较广泛的一种方式。

在 2FSK 中，载波的频率随二进制基带信号在 f_1 和 f_2 两个频率点间变化。其典型的波形图如图 7-8 所示，2FSK 信号的波形 $v(t)$ 可以看成两个不同载频的 2ASK 信号波形 f_1 和波形 f_2 的叠加。

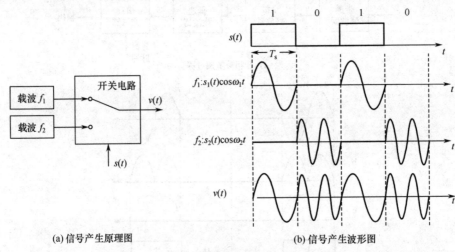

(a) 信号产生原理图　　　　　　　　　(b) 信号产生波形图

图 7-8　2FSK 信号波形图

因此，2FSK 信号的时域表达式又可写成

$$v(t) = \left[\sum_n a_n g(t - nT_s)\right]\cos(\omega_1 t + \varphi_n) + \left[\sum_n \overline{a}_n g(t - nT_s)\right]\cos(\omega_2 t + \theta_n)$$

式中，$g(t)$ 表示单个矩形脉冲，T_s 表示脉冲持续时间，

$$a_n = \begin{cases} 1, & \text{概率为 } P \\ 0, & \text{概率为 } 1-P \end{cases}, \qquad \overline{a}_n = \begin{cases} 1, & \text{概率为 } 1-P \\ 0, & \text{概率为 } P \end{cases}$$

式中，φ_n 和 θ_n 分别是第 n 个信号码元（1 或 0）的初始相位，通常设其为零。2FSK 信号的表达式可简化为

$$v(t) = s_1(t)\cos\omega_1 t + s_2(t)\cos\omega_2 t$$

式中，$s_1(t) = \sum_n a_n g(t - nT_s)$，$s_2(t) = \sum_n \overline{a}_n g(t - nT_s)$

7.4.3 相移键控

数字相位调制又称为相移键控调制（Phase Shift Keying，PSK）。二进制移相键控方式 2PSK 是键控的载波相位按基带脉冲序列的规律而改变的一种数字调制方式，即根据数字基带信号的两个电平（或符号）使载波相位在两个不同的数值之间切换的一种相位调制方法。

在 2PSK 中，通常用初始相位 0 和 π 分别表示二进制 "0" 和 "1"。因此，2PSK 信号的时域表达式可表示为

$$v(t) = A\cos(\omega_c t + \phi_n)$$

式中，ϕ_n 表示第 n 个符号的绝对相位，即

$$\phi_n = \begin{cases} 0, & \text{发送 "0" 时} \\ \pi, & \text{发送 "1" 时} \end{cases}$$

假设信源发送 "0" 的概率为 P，因此，上式可以改写为

$$v(t) = \begin{cases} A\cos\omega_c t, & \text{概率为 } P \\ -A\cos\omega_c t, & \text{概率为 } 1-P \end{cases}$$

由于两种码元的特点是波形相同、极性相反，故 2PSK 信号可以表述为一个双极性全占空矩形脉冲序列与一个正弦载波的相乘，即

$$v(t) = s(t)\cos\omega_c t$$

式中，$s(t) = \sum_n a_n g(t - nT_s)$。这里，$g(t)$ 是脉宽为 T_s 的单个矩形脉冲，而 a_n 的统计特性为

$$a_n = \begin{cases} 1, & \text{概率为 } P \\ -1, & \text{概率为 } 1-P \end{cases}$$

即发送二进制符号 "0" 时（a_n 取+1），$v(t)$ 取 0 相位；发送二进制符号 "1" 时（a_n 取-1），$v(t)$ 取 π 相位。这种以载波的不同相位直接去调制相应二进制数字信号的方式，称为二进制绝对相移方式（即 2PSK）。2PSK 信号的典型波形如图 7-9 所示。

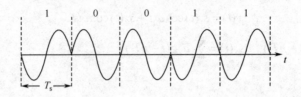

图 7-9　2PSK 信号波形图

7.4.4　副载波调制

在实际的 RFID 应用中，电子标签首先将要发送的基带编码信号（通常采用曼彻斯特编码）调制到副载波上，此时得到的已调信号通常称为副载波调制信号。接着将副载波调制信号再次用更高频的载波信号进行二次调制，实现向读写器传输消息。

就射频识别系统而言，用副载波的调制法主要用在频率为 6.78 MHz、13.56 MHz 或 27.125 MHz 的电感耦合系统中，而且都是从电子标签到读写器的数据传输。电感耦合式射频识别系统的负载调制有着与读写器天线上高频电压的振幅键控（ASK）调制相似的效果，代替在基带编码信号节拍中对负载电阻的切换，用基带编码的数据信号首先调制低频率的副载波。可以选择振幅键控（ASK）、频移键控（FSK）或相移键控（PSK）调制作为对副载波调制的方法。通常，副载波一般是通过对载波的二进制分频而产生的，如在 13.56 MHz 的系统中，副载波的频率大部分是 847 kHz、424 kHz、212 kHz（分别对应于 13.56 MHz 的16、32、64 分频）。

RFID 系统采用副载波调制的好处如下。

（1）电子标签是无源的，其能量靠读写器的载波提供，采用副载波调制信号进行负载调制时，调试管每次导通时间较短，对电子标签电源的影响较小。

（2）调制器的总导通时间减少，总功率损耗下降。

（3）有用信息的频谱分布在副载波附近而不是在载波附近，便于读写器对传输数据信息的提取，但射频耦合回路应有较宽的频带。

观察频谱变化可以更好地理解使用副载波带来的好处，如图 7-10 所示。采用副载波进行负载调制时，首先在围绕工作频率 ± 副载波 f_H 的距离上产生两条谱线。真实的信息随着基带编码的数据流对副载波的调制被传输到两条副载波谱线的边带中。另一方面，如果采用的是在基带中进行负载调制时，数据流的边带将直接围绕着工作频率的载波信号。

对于很松散耦合的 RFID 系统来说，读写器的载波信号 f_T 与接收的负载调制边带信号之间的差别在 80～90 dB 的范围内波动。通过数据流的调制边带的频移，可以将两个副载波调制结果之一滤掉并对其解调。至于是使用 f_T+f_H 还是 f_T-f_H 都无所谓，因为在所有的边带中都

包含了相同的信息。

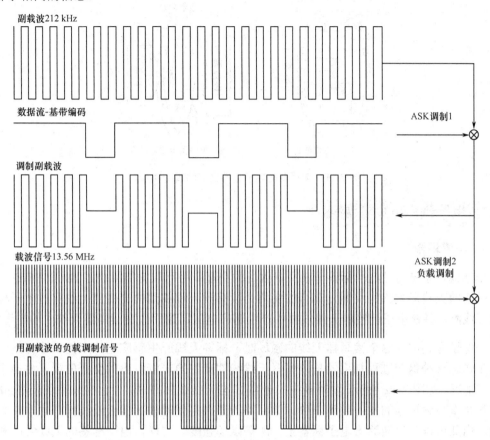

图 7-10　通过采用振幅键控（ASK）调制的副载波进行负载调制的方式逐步形成多重调制

7.5　RFID 系统的耦合方式与调制

在射频识别系统中，读写器和电子标签之间的通信是通过电磁波来实现的，而且无源电子标签的能量也需要通过电磁场进行传输。按照电子标签与阅读器之间的耦合方式，RFID系统可以分为电感耦合系统和电磁反向散射耦合系统，如图 7-11 所示，电感耦合方式适用于近距离系统，而电磁反向散射耦合方式适用于远距离系统。

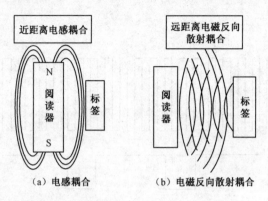

（a）电感耦合　　　　　　　　（b）电磁反向散射耦合

图 7-11　读写器与电子标签之间的耦合类型

7.5.1　电感耦合与负载调制

1. 电感耦合

电感耦合系统通过电子标签与读写器磁场的交互作用而取得能量。读写器和 RFID 标签两端采用的天线形式均为线圈，耦合的实质是读写器天线线圈的交变磁力线穿过电子标签的天线线圈，并在电子标签的天线线圈中产生感应电压，进而改变读写器天线中的电流。

当电子标签进入这个读写器天线的磁场时，标签天线产生感应电流来提供给标签内的芯片工作。这种耦合过程利用的是读写器天线线圈产生的未辐射出的交变磁能，相当于天线近场情况。如图 7-12 所示，读写器中的电容 C_r 与天线线圈并联，一起构成并联振荡回路，其谐振频率与读写器的发射频率一致。该回路的谐振将使得读写器天线线圈产生非常大的电流，由此可以产生能够给电子标签工作所需磁场强度。同样，电子标签的天线线圈和电容 C_i 一起构成振荡回路，谐振频率也与读写器的发射频率一致。通过该回路的谐振，电子标签线圈上的电压可达到最大值。

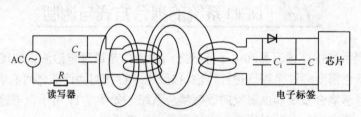

图 7-12　电感耦合系统

电感耦合方式普遍应用于低频和高频电子标签，适合于读取距离较短的场合，一般在 1 m 以内。电感耦合系统又可以分为密耦合系统和遥耦合系统。

密耦合系统具有很小的作用距离，典型值为 0～1 cm。在密耦合系统中电子标签必须插

入读写器中或者贴在读写器天线的表面，因此数据载体与读写器之间的密耦合能够提供较大的能量。密耦合系统主要应用于安全要求较高，但对作用距离不作要求的设备中，如电子门锁系统或带有计数功能的非接触 IC 卡系统。

遥耦合系统的典型作用距离可以达到 1 m。遥耦合系统又可细分为近耦合系统（典型作用距离为 15 cm）与疏耦合系统（典型作用距离为 1 m）两类。遥耦合系统的典型工作频率为 13.56 MHz，也有一些其他频率，如 6.75 MHz、27.125 MHz 等。在 ISO/IEC 标准中，14443 标准和 15693 标准分别针对近耦合系统和疏耦合系统。遥耦合系统目前仍然是低成本射频识别系统的主流。

2. 电阻负载调制

电感耦合方式的 RFID 系统中，电子标签向读写器传输数据通常采用负载调制方法。负载调制通过对电子标签振荡回路的电参数按照二进制数据流进行调节，使电子标签阻抗的大小和相位随之改变，从而完成调制的过程。负载调制技术主要有电阻负载调制和电容负载调制两种方式。

电阻负载调制的电路原理图如图 7-13 所示，在电阻负载调制中，负载 R_L 并联一个电阻 R_{mod}，R_{mod} 称为负载调制电阻。根据二进制数据流的接通或断开，开关 S 的通断由二进制数据编码控制，从而控制是否将 R_{mod} 接入电路。

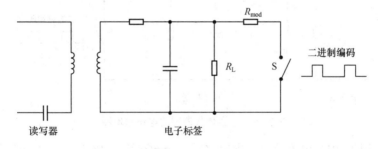

图 7-13　电阻负载调制的电路原理图

当二进制数据编码为"1"时，开关 S 接通，电子标签的负载电阻相当于 R_L 和 R_{mod} 并联，因此负载变小。由并联谐振（本书 2.2 节）可知，如果并联电阻比较小，即当电子标签的负载电阻比较小时，品质因数 Q 值将降低，这将导致谐振回路两端的电压下降。当电子标签谐振回路两端的电压发生变化时，由于线圈电感耦合，这种变化进而会传输给读写器，表现为读写器线圈两端电压的振幅发生变化，因此实现对读写器电压的调幅。

上述分析说明，开关 S 接通或断开，会使电子标签谐振回路两端的电压发生变化，进而影响到读写器天线线圈两端的电压。电阻负载调制的波形变化过程如图 7-14 所示。可以看出，图 7-14（d）与图 7-14（a）的二进制数据编码一致，表明电阻负载调制完成了信息传输的工作。

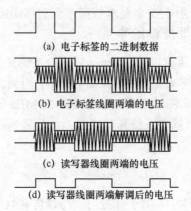

(a) 电子标签的二进制数据

(b) 电子标签线圈两端的电压

(c) 读写器线圈两端的电压

(d) 读写器线圈两端解调后的电压

图 7-14　电阻负载调制的波形变化过程

3. 电容负载调制

电容负载调制的电路原理图如图 7-15 所示，在电容负载调制中，负载 R_L 并联一个电容 C_{mod}，与电阻负载调制相比，由二进制数据编码控制的 C_{mod} 取代了负载调制电阻 R_{mod}。

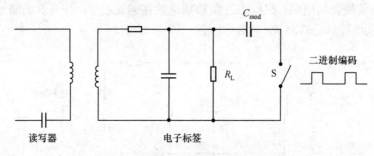

图 7-15　电容负载调制的电路原理图

在电容负载调制中，由于接入了电容 C_{mod}，电子标签回路失谐，又由于读写器与电子标签的耦合作用，导致读写器也失谐。开关 S 的通断控制电容 C_{mod} 按数据流的时钟接通和断开，使电子标签的谐振频率在两个频率之间转换。通过定性分析可知，电容 C_{mod} 的接入使电子标签电感线圈上的电压下降。由于电子标签电感线圈上的电压下降，使读写器电感线圈上的电压上升。电容负载调制的波形变化与电阻负载调制的波形变化相似，但此时读写器电感线圈上电压不仅发生振幅的变化，也发生相位的变化。

7.5.2　电磁反向散射耦合与调制

1. 电磁反向散射耦合方式基本原理

在典型的远场中，读写器和电子标签之间的距离有几米，而载波波长仅有几到几十厘米。读写器和电子标签之间的能量传输方式为反向散射调制。电磁反向散射耦合方式一般用于超高频或微波 RFID 标签,读取距离较远,典型的作用距离一般大于 1 m,最大可达 10 m 以上, 典型工作频率通常为 433 MHz、800/900 MHz、2.45 GHz 和 5.8 GHz。

电磁反向散射这种通信方式利用的是电磁场,当电子标签进入到电磁场时,电子标签的天线将产生感应电流。不同于电磁感应需要感应线圈,这里的线圈大多是单偶极子或者双偶极子。电磁反向散射耦合的实质是读写器天线辐射出的电磁波到达射频标签天线表面后形成反射回波,反射回波再被读写器天线所接收。在耦合过程中利用的是读写器天线辐射出的交变电磁能,这相当于天线的远场情况,如图 7-16 所示。从雷达技术中得知,电磁波可以被外形尺寸大于其波长一半的物体所反射,因此标签天线的尺寸需要满足波长的一半, 即 $L > \lambda/2$。

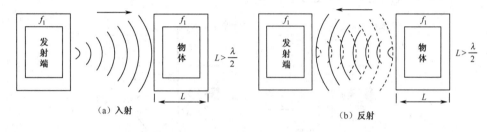

图 7-16 电磁反向散射耦合

电磁反向散射的原理图如图 7-17 所示,读写器和标签构成一个完整的收发通信系统。图中功率 P_1 是从读写器天线发射出来的,只有一部分(由于自由空间衰减)到达标签天线。到达标签的功率 P_1' 为标签天线提供电压,整流后为标签芯片供电。到达功率 P_1' 的一部分被天线反射,其反射功率为 P_2。反射功率 P_2 经自由空间后再到达读写器,被读写器天线接收。读写器接收的信号经收发耦合器电路传输至收发器,放大后经电路处理获得有用信息。

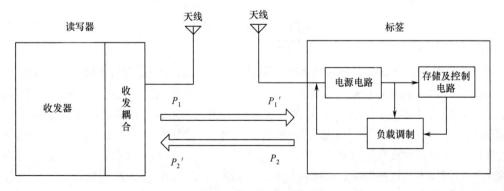

图 7-17 RFID 电磁反向散射耦合方式的原理框图

2. 电磁反向散射中的调制方法

电磁反向散射调制是指射频识别系统中无源电子标签将数据发送回读写器时所采用的通信方式。标签天线的反射性能受到连接到天线的负载变化的影响，因此可以采用负载调制方法实现反射调制。通过与天线并联一个附加负载电阻，传输的数据流控制该电阻的接通和断开，从而完成对标签反射功率的振幅调制。标签反射功率在空间自由辐射，其中一部分被读写器天线接收，被收发耦合器解耦合后，送到读写器的接收入口。

电子标签返回数据的方式是控制天线的阻抗，其原理图如图7-18所示。要发送的数据是具有两种电平的信号，可以通过一个简单的"阻抗开关"表示（开关闭合表示"1"，开关断开表示"0"）。由阻抗开关控制电阻（见图7-18（a））或电容（见图7-18（b）），进而改变天线的发射系数，完成对载波信号的调制。

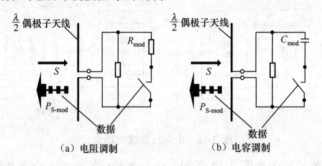

图 7-18　通过电子标签阻抗的调制

这种数据调制方式和普通的数据通信方式有很大的区别，电子标签根据要发送的数据通过控制天线开关，从而改变匹配程度。这样，从标签返回的数据就被调制到了返回的电磁波幅度上。这与 ASK 调制有些类似。

7.6　本章小结

RFID 系统中读写器和电子标签之间的数据和能量传输过程是理解 RFID 系统工作原理的核心部分。本章通过介绍通信系统的一般模型，引入了 RFID 通信系统的各个组成部分，然后重点介绍了其中的关键技术——编码与解码、调制与解调。编解码部分重点介绍了信源编码（如反向不归零编码、曼彻斯特编码、密勒编码以及修正密勒编码），信道编码（奇偶校验码、汉明码和循环冗余码），结合实例介绍了它们的编码方法和特点，然后重点介绍了调制与解调技术，包括调幅、调频和调相，最后阐述了 RFID 系统中电感耦合方式与反向散射耦合方式的数据和能量传输方式的原理和实现方法。

思考与练习

（1）通信系统中为什么要进行编码和解码？常见的编码方法有哪些？

（2）通信系统中为什么要进行调制和解调？调制的分类方法有哪些？

（3）简述 ASK 信号的解调原理。

（4）画出 ASK 信号的相干解调和非相干解调的原理框图。

（5）简述曼彻斯特码的编码规则。

（6）差错控制的基本方式有哪些？每种方式的工作机制是怎样的？

（7）副载波调制的过程是什么？

（8）分别叙述电感耦合方式和电磁反向散射耦合方式的数据传输过程。

第 8 章
RFID 防碰撞技术

RFID 系统经常会出现多个读写器及多个标签的应用场合，从而导致标签之间或读写器之间的相互干扰，这种干扰称为碰撞（Collision），也称为冲突。例如，如果有多个标签同时位于一个读写器的可读范围之内，则标签的应答信号就会相互干扰而形成数据冲突，造成标签与读写器之间的正常通信困难。

随着 RFID 应用范围的扩大，碰撞问题成为制约 RFID 技术发展的关键问题之一。因此，快速、准确、有效的防碰撞问题解决方案对 RFID 技术的发展有着至关重要的作用。标签防碰撞算法就是要解决在读写器的有效通信范围内，多个标签如何同时与读写器进行通信的问题。在高频（HF）频段，标签的防碰撞算法一般采用 ALOHA；在超高频（UHF）频段，主要采用二进制树形搜索算法。本章将重点介绍这两类算法及其扩展算法。

8.1 RFID 系统中的碰撞与防碰撞

8.1.1 RFID 系统中的碰撞

总体来说，RFID 系统存在两类碰撞问题：一类称为多标签碰撞问题，即多个标签与同一个读写器同时通信时产生的碰撞；另一类称为多读写器碰撞问题，即相邻的读写器在其信号交叠区域内产生干扰，导致读写器的阅读范围减小，甚至无法读取标签。

当相邻的读写器作用范围有重叠时，多个读写器同时读取同一个标签时可能会引起多读写器与标签之间的干扰，如图 8-1 所示，标签同时收到 3 个读写器的信号。在这种情况下，标签就无法正确解析读写器发来的查询信号。

读写器自身有能量供应，能够进行较高复杂度的计算，所以读写器能够检测到碰撞的产生，并能够通过与其他读写器之间的交流互通来解决读写器的碰撞问题，如读写器调度算法和功率控制算法都能比较容易地解决读写器碰撞问题，因此，一般讨论防碰撞都是针对多标签的碰撞而言的。本章后续部分讨论的防碰撞也都是针对多标签的防碰撞问题。

多标签碰撞是指读写器同时收到多个标签的信号而导致无法正确读取标签信息的问题。读写器发出识别命令后，各个标签都会在某一时间做出应答。在标签应答过程中会出现两个或者多个标签同一时刻应答，或一个标签还没有完成应答时其他标签就做出应答的情况。这会使得标签之间的信号互相干扰，降低读写器接收信号的信噪比，从而造成标签无法被正常读取。图8-2所示为标签碰撞示意图，读写器作用范围内的多个标签同时向读写器发送数据，从而导致读写器无法正确识别这些标签。

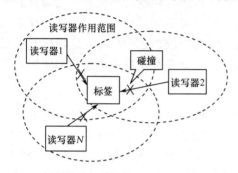

图 8-1　阅读范围重叠的多读写器

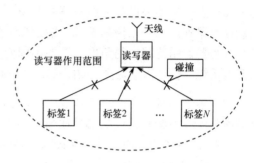

图 8-2　标签碰撞示意图

8.1.2　RFID 系统中防碰撞算法分类

电子标签的低功耗、低存储能力和有限的计算能力等限制，导致许多成熟的防碰撞算法（包括空分多路法、频分多路法、码分多路法和时分多路法）不能直接在 RFID 系统中应用。这些限制可以归纳为：

- 无源标签没有内置电源，标签的能量来自于读写器，因此算法在执行的过程中，标签功耗要求尽量低；
- RFID 系统的通信带宽有限，因此防碰撞算法应尽量减少读写器和标签之间传输信息的比特数目；
- 标签不具备检测冲突的功能而且标签间不能相互通信，因此冲突判决需要读写器来实现；
- 标签的存储和计算能力有限，这就要求防碰撞协议尽可能简单，标签端的设计不能太复杂。

因此，需要根据 RFID 系统的特点，在已有防碰撞方法的基础上，设计相应的防碰撞算法。

1.　无线通信中的防碰撞方法

无线通信技术中，解决防碰撞的方法主要包括空分多路法（SDMA）、频分多路法

（FDMA）、码分多路法（CDMA）和时分多路法（TDMA）。

（1）空分多路法。空分多路法（Space Division Multiple Access，SDMA）是在分离的空间范围内实现多个目标识别，其实现的方法有两种。一种方法是将读写器和天线之间的作用距离按空间区域进行划分，把大量的读写器和天线安置在一个天线阵列中。当标签进入这个天线阵列的覆盖范围后，与其距离最近的读写器对该标签进行识别。由于每个天线的覆盖范围较小，相邻的读写器识别范围内的标签同样可以进行识别而不受相邻读写器的干扰，如果多个标签根据在天线阵列中的空间位置的不同，可以同时被识别。另外一种方法是，读写器利用一个相控阵天线，通过让天线的方向性图对准单独的标签，这样标签根据其在读写器作用范围内的角度位置的不同而区别开来。空分多路法的缺点是需要使用复杂的天线系统，会大幅度提高RFID设备的成本。

（2）频分多路法。频分多路法（Frequency Division Multiple Access，FDMA）是把若干个使用不同载波频率的调制信号在同时供通信用户使用的信道上进行传输的技术。通常情况下，RFID系统的前向链路（从读写器到标签）频率是固定的，用于能量的供应和数据的传输。对于反向链路（从标签到读写器），不同的标签采用不同频率的载波对数据进行调制，这些信号之间不会产生干扰，读写器对接收到的不同频率的信号进行分离，从而实现对不同标签的识别。频分多路法的缺点是导致读写器和标签的成本要求较高。因此在实际RFID系统的应用中，频分多路法也很少使用。

（3）码分多路法。码分多路法（Code Division Multiple Access，CDMA）是在扩频通信技术的基础上发展起来的一种无线通信技术。扩频技术包含扩频（Spread Spectrum）与多址（Multiple Access）两个基本的概念。扩频的目的是扩展信息带宽，即把需要发送的具有一定信号带宽的信息数据，用一个带宽远大于其信号带宽的伪随机码进行调制，这样使原来的信息数据的带宽被扩展，最后通过载波调制发送出去。解扩是指在接收端采用完全一致的伪随机码，与接收到的宽带信号进行相关处理，把宽带信号转换成原来的信息数据。多址是给每个用户分配一个地址码，各个码型互不重叠。码分多路法具有抗干扰性好、保密安全性高、信道利用率高等优点；但是该技术也存在诸多缺点，如频带利用率低、信道容量小、伪随机码的产生和选择较难、接收时地址码捕获时间长等，所以该方法很难应用于实际的RFID系统中。

（4）时分多路法。时分多路法（Time Division Multiple Access，TDMA）是把整个可供使用的通路容量按时间分配给多个用户的技术。时分多路复用是按传输信号的时间进行分割的，它使不同的信号在不同的时间内传输，将整个传输时间分为许多时间间隔，每个时间片被一路信号占用。TDMA就是通过在时间上交叉发送每一路信号的一部分来实现一条电路传输多路信号的，电路上的每一短暂时刻只有一路信号存在。因为数字信号是有限个离散值，所以时分多路复用技术广泛应用于包括计算机网络在内的数字通信系统。

2．RFID中防碰撞算法分类

目前 RFID 系统的标签防碰撞算法大多采用时分多路法，该方法可以分为非确定性算法和确定性算法，防碰撞算法的分类如图 8-3 所示。

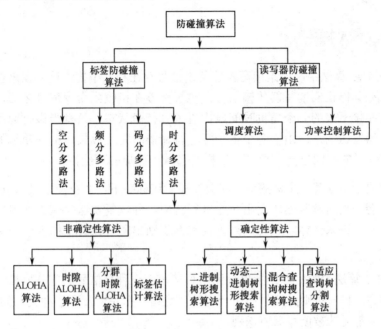

图 8-3　防碰撞算法分类

非确定性算法也称为标签控制法，在该方法中，读写器没有对数据传输进行控制，标签的工作是非同步的，标签获得处理的时间不确定，因此标签存在"饥饿"问题（Tag Starvation）。ALOHA 算法是一种典型的非确定性算法，实现简单，广泛用于解决标签的碰撞问题。

确定性算法也称为读写器控制法，由读写器观察和控制所有标签。按照规定的算法，在读写器作用范围内，首先选中一个标签，在同一时间内读写器与一个标签建立通信关系。二进制树形搜索是典型的确定性算法，该类算法比较复杂、识别时间较长，但没有标签饥饿问题。

下面将分别介绍这两类防碰撞算法。

8.2　ALOHA 算法

ALOHA 算法是一种随机接入方法，其基本思想是采取标签先发言的方式，当标签进入读写器的识别区域内时就自动向读写器发送其自身的 ID 号，在标签发送数据的过程中，若有其他标签也在发送数据，将会发生信号重叠，从而导致冲突。读写器检测接收到的信号有无冲突，一旦发生冲突，读写器就发送命令让标签停止发送，随机等待一段时间后再重新发送以减少冲突。

8.2.1 纯 ALOHA 算法

在纯 ALOHA 算法中，如果读写器检测出信号存在相互干扰，读写器就会以向电子标签发出命令，令其停止向读写器传输信号；电子标签在接收到命令信号之后，就会停止发送信息，并会在接下来的一个随机时间段内进入到待命状态，只有当该时间段过去后，才会重新向读写器发送信息。由于各个电子标签待命的时间片段长度都是随机的，所以再次向读写器发送信号的时间也会不相同，这样就会减少碰撞的可能性。

当读写器成功识别某一个标签后，就会立即对该标签下达命令使之进入到休眠的状态。而其他标签则会一直对读写器所发出命令进行响应，并重复发送信息给读写器，当标签被识别后，就会一一进入到休眠状态，直到读写器识别出所有在其工作区内的标签后，算法过程才结束。

纯 ALOHA 算法中的信号碰撞也分为两种情况：一种是信号的部分碰撞，是信号的一部分发生了冲突；另一种则是信号的完全碰撞，是指数据完全发生了冲突。如图 8-4 所示，发生冲突的数据都无法被读写器所识别。

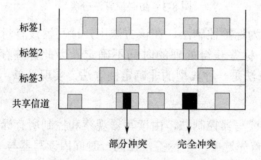

图 8-4　纯 ALOHA 算法碰撞模型图

纯 ALOHA 算法的信道吞吐率 S 与帧产生率 G 之间的关系为

$$S = Ge^{-2G}$$

对上式求导可以得出，当 G=0.5 时，最大吞吐率 S=1/(2e)≈18.4%。发送帧不会产生碰撞（即发送成功）的概率 P 为

$$P = \frac{S}{G} = e^{-2G}$$

显然，电子标签数量越多，帧时越长，则 G 越大，发送成功的概率就越低。表 8-1 大致描述了标签数量对读取时间的影响。

纯 ALOHA 算法虽然算法简单、易于实现，但是存在一个严重的问题，就是对于同一个标签，如果连续多次发生碰撞，这将导致读写器出现错误判断认为这个标签不在自己的作用范围内；同时还存在另外一个问题，就是其冲突概率很大，假设其数据帧长度为 F，则冲突周期为 $2F$。

表 8-1　读出多个标签所需要的平均时间

作用范围内的标签数量	平均时间/ms	99.9%的可靠性	99%的可靠性
2	150	500	350
3	250	800	550
4	300	1000	750
5	400	1250	900
6	500	1600	1200
7	650	2000	1500
8	800	2700	1800

8.2.2　时隙 ALOHA 算法

时隙 ALOHA 算法把时间分成多个离散的时隙（Slot），每个时隙的长度等于或稍大于一个帧，标签只能在每个时隙的开始处发送数据。在这种算法中，标签要么成功发送，要么完全碰撞，避免了原来 ALOHA 算法中的部分碰撞冲突，使碰撞周期减半，提高了信道的利用率。相对于纯 ALOHA 算法，时隙 ALOHA 算法需要读写器对其识别区域内的标签校准时间。时隙 ALOHA 算法是随机询问驱动的 TDMA 防冲撞算法。时隙 ALOHA 算法工作过程如图 8-5 所示。

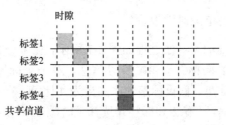

图 8-5　时隙 ALOHA 算法

时隙 ALOHA 算法的信道吞吐率 S 和帧产生率 G 的关系为

$$S = Ge^{-G}$$

当 $G=1$ 时，吞吐量 S 为最大值 $1/e$，约为 0.368，是纯 ALOHA 算法的两倍。因为标签仅仅在确定的时隙中传输数据，所以该算法的冲撞发生频率仅仅是纯 ALOHA 算法的一半，但其系统的数据吞吐性能却会增加一倍。

8.2.3 帧时隙 ALOHA 算法

虽然时隙 ALOHA 算法提高了系统的吞吐量，但是当大量标签进入系统时，该算法的效率还是不高，因此研究者又提出了帧时隙 ALOHA 算法（Frame-Slotted ALOHA）。

如图 8-6 所示，在帧时隙算法中，时间被分成多个离散时隙，电子标签如果想要传输自己的信息必须在时隙开始处才可以开始传输。读写器以一个帧为周期发送查询命令。当电子标签接收到来自读写器发送的请求命令时，每个标签通过随机数发射器随机地挑选一个时隙，并在该时隙发送自己的信息给读写器。如果一个时隙只被唯一的标签选中，则这个时隙中标签传输的信息将被读写器成功接收，标签被正确识别。如果有两个或两个以上的标签选择了同一个时隙发送信息，就会发生冲突，这些同时发送信息的标签就不能被读写器成功识别。整个算法的识别过程都会如此循环，一直到所有标签都被识别才结束识别过程。

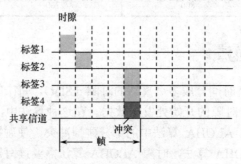

图 8-6 帧时隙 ALOHA 算法

该算法的缺点是当标签数量远大于时隙个数时，读取标签的时间会大大增加；当标签个数远小于时隙个数时，会造成时隙浪费。

一个典型的帧时隙 ALOHA 算法过程如图 8-7 所示，在每一帧的初始时刻，读写器将发出请求指令，这个指令可以向标签提供帧长等信息。每一个标签根据接收到的信息随机选择一个时隙向读写器发送信息。假设标签的序列号为 4 比特，在第一帧中，标签 1 和标签 3 选择了时隙 1 与读写器通信，标签 2 和标签 4 选择了时隙 2。时隙 1 和时隙 2 都发生了碰撞，而标签 5 在时隙 3 中被读写器成功识别。第二帧中标签 3 和标签 2 被成功识别。如此循环直到所有标签被读写器识别为止。

阅读器至标签	请求	时隙1	时隙2	时隙3	请求	时隙1	时隙2	时隙3
标签至阅读器		碰撞	碰撞	1101		1011	碰撞	1010
标签1		1001					1001	
标签2			1010					1010
标签3		1011				1011		
标签4			1100				1100	
标签5				1101				

←————— 总时隙数 —————→

图 8-7　帧时隙 ALOHA 算法流程

8.2.4　动态帧时隙 ALOHA 算法

对于帧时隙 ALOHA 算法来说，每帧中包含的时隙数是固定不变的，而读写器信号覆盖的范围内的标签数量是不断变化的。当标签的数目远小于固定的帧长时，系统中帧时隙空闲的比较多，时隙浪费严重；而当标签数量远远大于固定帧长时，一帧中的发生碰撞的几率将会很高。为了解决帧时隙 ALOHA 算法中时隙不足或者浪费的问题，人们提出了动态帧时隙 ALOHA 算法。

动态帧时隙 ALOHA 算法中一个帧内的时隙数目 N 能随着阅读区域中的标签的数目动态改变，或通过增加时隙数以减少帧中的碰撞数目。动态帧时隙 ALOHA 算法的步骤如下。

（1）进入识别状态，开始识别命令中包含了初始的时隙数 N。

（2）由电子标签随机选择一个时隙，同时将自己的时隙计数器复位为1。

（3）当电子标签随机选择的时隙数与时隙计数器对应时，标签向读写器发送数据；若不相等，标签将保留自己的时隙数并等待下一个命令。

（4）当读写器检测到的时隙数量等于命令中规定的循环长度 N 时，本次循环结束，读写器转入步骤（2），开始新的循环。

该算法每帧的时隙个数 N 都是动态产生的，解决了帧时隙 ALOHA 算法中的时隙浪费的问题，适应 RFID 技术中标签数量动态变化的情形。

动态帧时隙 ALOHA 算法允许根据系统的需要动态地调整帧长度，由于读写器作用范围内的标签数量是未知的，而且在识别的过程中未被识别的标签数目是改变的，因此，如何估算标签数量，以及合理地调整帧长度成为动态帧时隙 ALOHA 算法的关键。由理论推导可知，在标签数目和帧长度接近的情况下，系统的识别效率最高，也就是说标签的值就是帧长度的最佳选择。

在实际应用中，动态帧时隙算法是在每帧结束后，根据上一帧的反馈情况检测标签发生碰撞的次数（碰撞时隙数），电子标签被成功识别的次数（成功时隙数）和电子标签在某个时隙没有返回数据信息的次数（空闲时隙数）来估计当前未被正确识别的电子标签数目，然后选择最佳的下一帧的长度，把它的帧长度作为下一轮识别的帧长，直到读写器工作范围内的电子标签全部识别完毕。

8.3 二进制树形搜索算法

与 ALOHA 算法不同，二进制树形搜索算法由读写器控制，基本思想是不断地将导致碰撞的电子标签进行划分，缩小下一步搜索的标签数量，直到只有一个电子标签进行回应（即没有碰撞发生）。二进制树形搜索算法的过程可以形象地以二叉树的形式描述。

8.3.1 二进制树形搜索

1．冲突位检测

实现"二进制树形搜索"算法系统的必要前提是能够辨认出在读写器中数据冲突位的准确位置，为此，必须有合适的位编码法。首先，要对 NRZ 编码和曼彻斯特编码的冲突状况做一比较（见图 8-8）。

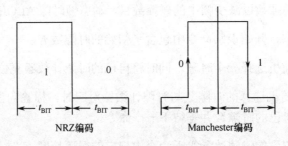

图 8-8　Manchester 编码和 NRZ 编码中的位编码

（1）NRZ 编码（Non-Return-to-Zero Encoding）。某位之值是在一个位窗（Bit Window）（t_{BIT}）内由传输通路的静态电平表示的，这种逻辑"1"编码为静态"高"电平，逻辑"0"编码为静态"低"电平。

如果两个电子标签之一发送了副载波信号，那么，这个信号由读写器译码为"高"电平，就被认定为逻辑"1"。但是，读写器不能确定读入的某位究竟是若干个电子标签发送的数据相互重叠的结果，还是某个电子标签单独发送的信号，见图 8-9（a）。

（2）曼彻斯特编码。某位之值是在一个位窗（t_{BIT}）内由电平的改变（上升/下降沿）来表示的。这里，逻辑"0"编码为上升沿，逻辑"1"编码为下降沿。在数据传输过程中，如果两个（或多个）电子标签同时发送的数位有不同的值，则接收的上升沿和下降沿互相抵消，"没有变化"的状态是不允许的，将作为错误被识别。用这种方法可以按位追溯跟踪冲突的出现（见图8-9（b））。

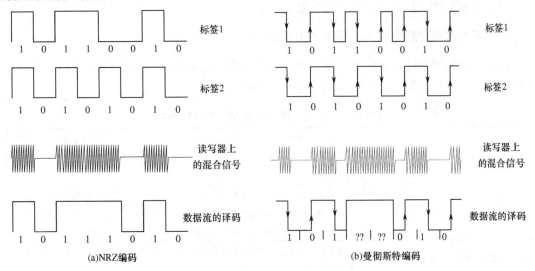

(a)NRZ编码　　　　　　　　　　　　　　(b)曼彻斯特编码

图 8-9　采用 NRZ 编码和曼彻斯特编码的冲突状况（曼彻斯特编码能够按位识别出冲突）

因此，选用曼彻斯特编码可实现"二进制树形搜索"算法。

2．二进制树形搜索算法过程

二进制树形搜索算法（其模型如图 8-10 所示）的基本思想是将处于冲突的标签分成左右两个子集 0 和 1，先查询子集 0，若没有冲突，则正确识别标签，若仍有冲突则再分裂，把子集 0 分成 00 和 01 两个子集，依次类推，直到识别出子集 0 中的所有标签，再按此步骤查询子集 1。

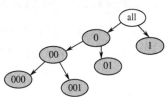

图 8-10　二进制树形搜索算法模型图

可见，标签的序列号来处理碰撞的基础。二进制树形搜索算法的实现步骤如下。

（1）读写器广播发送最大序列号查询条件 Q，其作用范围内的标签在同一时刻传输它们的序列号至读写器。

（2）读写器对收到的标签进行响应，如果出现不一致的现象（即有的序列号该位为 0，而有的序列号该位为 1），则可判断出有碰撞。

（3）确定有碰撞后，把有不一致位的数最高位置 0 再输出查询条件 Q，依次排除序列号大于 Q 的标签。

（4）识别出序列号最小的标签后，对其进行数据操作，然后使其进入"无声"状态，则对读写器发送的查询命令不进行响应。

（5）重复步骤（1），选出序列号倒数第二的标签。

（6）多次循环完后完成所有标签的识别。

为了实现这种算法，就需要一组命令。这组命令可由电子标签进行处理（见表 8-2）。此外，每个电子标签拥有一个唯一的序列号（SNR）。

表 8-2　用于"二进制树形搜索"算法的命令

REQUEST（SNR）：请求（序列号）	此命令发送一序列号作为参数给电子标签。电子标签把自己的序列号与接收的序列号进行比较，如果小于或相等，则此电子标签回送其序列号给读写器。这样就可以缩小预选的电子标签的范围
SELECT（SNR）：选择（序列号）	用某个（事先确定的）序列号作为参数发送给电子标签，具有相同序列号的电子标签将以此作为执行其他命令（如读出和写入数据）的切入开关，即选择这个电子标签，具有其他序列号的电子标签只对 REQUEST 命令应答
READ-DATA：读出数据	选中的电子标签将存储的数据发送给读写器（在实际的系统中，还有鉴别或写入等命令等）
UNSELECT：退出选择	取消一个事先选中的电子标签，电子标签进入"无声"状态。在这种状态下，电子标签完全是非激活的，对收到的 REQUEST 命令不做应答。为了重新激活电子标签，必须暂时离开读写器的作用范围（等于没有供应电压），以执行复位

3．二进制树形搜索算法实例

下面我们以一个实例来说明二进制树形搜索算法。

现以读写器作用范围内的四个电子标签为例说明搜索的过程。这四个电子标签的序列号（这里用 8 位的序列号举例）分别为：

电子标签 1:　10110010
电子标签 2:　10100011
电子标签 3:　10110011
电子标签 4:　11100011

该算法在重复操作的第一次中由读写器发送 REQUEST（≤11111111）命令。序列号 11111111，是本例中系统最大可能的 8 位序列号。读写器作用范围内的所有电子标签的序列号都应小于或等于 11111111，因此，处于读写器作用范围内的所有电子标签都应对该命令做出应答（见图 8-11 中第一次迭代）。

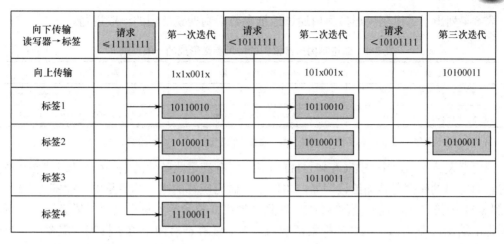

图 8-11　二进制树形搜索算法选择电子标签的迭代过程

对于所接收的序列号的 0 位、4 位和 6 位来讲，由于重叠着响应的电子标签对这些位的不同内容而造成了冲突（x）。因此，可以推断在读写器作用范围内存在两个或多个电子标签。更仔细地观察表明：由于接收的位顺序为 1x1x001x，从而可以得出所接收的序列号的八种可能性，如表 8-3 所示。

表 8-3　充分利用接收的数据并考虑到在迭代的第一次出现的冲突（x），推测可能的序列号

位　序　号	7	6	5	4	3-2-1	0
读写器接收的数据	1	x	1	x	001	x
可能的序号 A	1	0	1	0	001	0
可能的序号 B*	1	0	1	0	001	1
可能的序号 C*	1	0	1	1	001	0
可能的序号 D*	1	0	1	1	001	1
可能的序号 E	1	1	1	0	001	0
可能的序号 F*	1	1	1	0	001	1
可能的序号 G	1	1	1	1	001	0
可能的序号 H	1	1	1	1	001	1

注：其中的四个电子标签地址（*）在本例中也是实际存在的。

第 6 位是最高的 x 位，此位在第一次迭代中上出现了冲突。这意味着：不仅在序列号（SNR）≥11000000b 的范围内，而且在序列号（SNR）≤10111111b 的范围内，至少各有一个电子标签存在。为了能选择到一个单独的电子标签，必须根据已有的信息来限制下一次迭代的搜索范围。例如，用≤10111111b 的范围内进一步搜索。为此，将第 6 位置"0"（有冲突的最高值位），将所有低位置"1"，从而暂时对所有的低值位置不予处理。

表 8-4 列出了二进制树形搜索树通过地址参数限制搜索范围的一般规则。

表 8-4　二进制树形搜索树的地址参数形成的一般规则

检索命令	第一次迭代：范围=	第 n 次迭代：范围=
请求（REQUEST）≥范围	0	位（x）=1，位（0······x-1）=0
请求（REQUEST）≤范围	序列号（SNR）Max	位（x）=0，位（0···x-1）=1

注：第（X）位是接收到的电子标签地址的最高位*，*在前面的迭代中，这一地址上出现了冲突。

读写器发命令 REQUEST（≤10111111）后，所有满足此条件的电子标签都要做出应答，并将它们自己的序列号传输给读写器。本例中，做出应答的电子标签是电子标签 1、2 和 3（见图 8-11 中第二次迭代）。现在接收的序列号的第 0 位和第 4 位上出现了碰撞（x）。可以由此得出结论：在第二次迭代的搜索范围内，至少还存在有两个电子标签。需要进一步确定的序列号有四种可能性，从接收的位顺序 101x001x 中得出见表 8-5 的四种可能性。

表 8-5　在第二次迭代后，搜索范围内的可能序列号

位序号	7-6-5	4	3-2-1	0
读写器接收的数据	101	x	001	x
可能的序号 A	101	0	001	0
可能的序号 B*	101	0	001	1
可能的序号 C*	101	1	001	0
可能的序号 D*	101	1	001	1

注：用（*）标明的电子标签实际上也是存在的。

如果第二次迭代仍然出现冲突，则要求第三次迭代进一步限制搜索范围。使用表 8-4 中形成的规则，其搜索范围≤10101111。读写器将命令 REQUEST（≤10101111）发送给电子标签，只有电子标签 2（"10100011"）能满足这个条件，该电子标签即单独对命令作出应答（见图 8-11 中第三次迭代）。

然后，读写器用 SELECT 命令选中电子标签 2，对该选中的电子标签进行 READ-DATA 操作。此时其他电子标签则处于静止状态。在完成 READ-DATA 操作后，读写器用 UNSELECT 命令使电子标签 2 进入"无声"状态，这样电子标签 2 对后继的请求命令将不再做出应答。

图 8-12 形象地描述了上述例子的搜索过程，三次迭代需要不断地搜索空间，直到第三次搜索定位到唯一的一个电子标签。

为了从较大量的电子标签中搜索出某个唯一的电子标签，需要多次迭代。其平均次数 L 取决于读写器作用范围内的电子标签总数 N，即

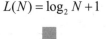

$$L(N) = \log_2 N + 1$$

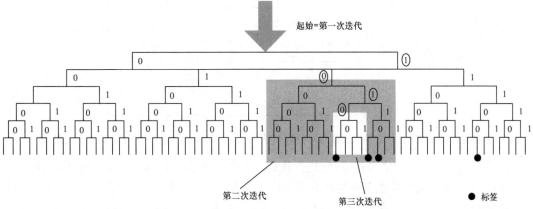

图 8-12　二进制树形搜索树：随着搜索范围的依次变小，最终可以选择一个唯一的电子标签

可以看出，利用二进制树形搜索算法可以快速简单地解决碰撞问题。如果只有一个电子标签在读写器作用范围内，在这种情况下不会出现冲突，只需要一次迭代就可发现电子标签的序列号。如果有一个以上的电子标签处在读写器作用范围内，那么迭代的平均数增加很快。

8.3.2　动态二进制树形搜索

在实际的应用中，电子标签的序列号按系统的规模可能长达 10 个字节，因此二进制树形搜索算法为了选择一个电子标签不得不传输大量的数据。在该算法中，最高冲突位后的所有比特位都被置"1"，因而这部分编码对标签的识别不能提供任何的信息；而标签返回的包括最高冲突位在内的之前的比特位都是读写器所已知的。这就是说，传输序列号各自的互补部分是多余的。基于此提出了动态二进制树形搜索算法。

如果我们更仔细地研究读写器和单个电子标签之间的数据流（见图 8-13），用 X 表示最高冲突位的位置，在前述的迭代的最高冲突位上出现了位冲突，即可得出以下结果。

- 命令中 $(X{-}1) \sim 0$ 各位不包含给电子标签的补充信息，因为 $(X{-}1) \sim 0$ 各位总是被置为"1"的。
- 电子标签序列号的 $N \sim X$ 各位不包含给读写器的补充信息，因为 $N \sim X$ 这些位是已知且给定的。

由此可见，在命令和应答中，传输的数据大部分是多余的（如图 8-13 中灰色部分所表示的那样），本来也是不必传输的。

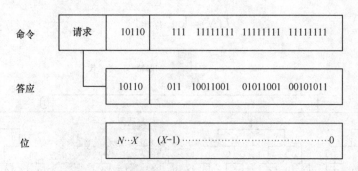

图 8-13　在搜索一个 4 字节序列号时，读写器的命令（第 n 次迭代）和电子标签的应答

这样，我们可以对传输的序列号进行优化，使用一种简便的算法代替序列号在两个方向上完整地传输，将序列号或搜索范围的传输改变为部分位（X）。读写器在 REQUEST（请求）命令中，读写器只发送要搜索的序列号中的已知部分（$N\sim X$）作为搜索的依据。所有序列号的（$N\sim X$）位与搜索依据相符的电子标签都将传输它们序列号的剩余各位，即（$X-1\sim$ 0）位作为应答。在 REQUEST 命令的附加参数（有效位的编号）中，将剩余各位的数量通知给电子标签。

动态二进制树形搜索算法的工作步骤如下。

（1）读写器第一次发出一个完整的查询条件 Q，长度为 N，每个位上的码全为 1，让所有标签都返回各自的序列号。

（2）读写器判断有碰撞的最高位 X，将该位置 0，然后传输 $N\sim X$ 位的数据。标签接到这个查询信号后检查自己的序列号是否匹配，如果匹配则回传自己序列号的 $X-1\sim 0$ 位。

（3）读写器检测第二次返回的最高碰撞位数 X' 是否小于前一次检测回传的次高碰撞位数，若不是，则直接把该位置 "0"；若是，则要把前一次检测的次高位也置为 "0"，然后广播新的查询信息。发出查询条件的位数为 $N\sim X'$，满足查询条件的电子标签回传的信号只是序列号中最高碰撞位后的数，即 $X'-1\sim 0$ 位。若标签返回信号没有发生碰撞，则对该序列号的标签进行读/写处理，然后使其进入 "无声" 状态。

（4）重复步骤（3），多次重复后可完成电子标签的交换数据工作。

一种动态的二进制树形搜索算法的过程在图 8-14 中做了更详细的说明。与图 8-11 例中电子标签的序列号相同，也使用表 8-4 所示的规则，所以迭代的过程也与前例相同。在发送的请求命令中，利用参数 NVB 表明请求命令的有效位数。电子标签返回的序列号只是除了这些有效位之后的部分，因此要传输的数据数量和所需时间的减少可达 50%。

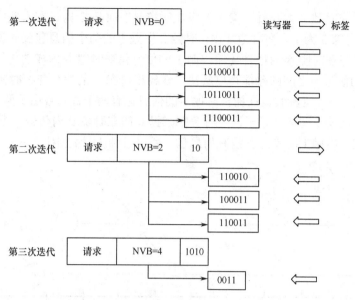

图 8-14　动态二进制树形搜索算法避免了序列号中多余部分的传输

8.3.3　基于随机数和时隙的二进制树形搜索

对二进制树形搜索算法的可靠性起决定性作用的是所有电子标签需准确的同步，要求这些电子标签准确地在同一时刻开始传输它的序列号。只有这样，才能按位判定冲突的发生。本节介绍的基于随机数和时隙的二进制树形搜索算法可以不要求电子标签需准确的同步。

基于随机数和时隙的二进制树形搜索算法采用递归的工作方式，遇到碰撞就进行分支，成为两个子集。这些分支越来越小，直到最后分支下面只有一个信息包或者为空。分支的方法就如同抛一枚硬币一样，将这些信息包随机地分为两个分支，在第一个分支里，是"抛正面"（取值为 0）的信息包。在接下来的时隙内，主要解决这些信息包所发生的碰撞。如果再次发生碰撞，则继续再随机地分为两个分支。该过程不断重复，直到某个时隙为空或者成功地完成一次数据传输，然后返回上一个分支。这个过程遵循"先入后出"（First-in Last-out）的原则，等到所有第一个分支的信息包都成功传输后，再来传输第二个分支，也就是"抛反面"（取值为 1）的信息包。

这种算法称为树形搜索算法，每次分割使搜索树增加一层分支。图 8-15 所示为四层（$m=4$）树算法的原理示意图。每个顶点表示一个时隙，每个顶点为后面接着的过程产生子集。如果该顶点包含的信息包个数大于或等于 2，那么就产生碰撞，于是就产生了两个新的分支。算法从树的根部开始，在解决这些碰撞的过程中，假设没有新的信息包达到。第一次碰撞在时隙 1 发生，开始并不知道一共有多少个信息包产生碰撞，每个信息包好像抛硬币一样，抛 0 的在时隙 2 内传输。第二次发生碰撞是在时隙 2 内，在本例中，两个信息包都是抛 1，以致时隙 3 为空。在时隙 4 内，时隙 2 中抛 1 的两个信息包又一次发生碰撞和分支，抛 0 的信息包在时隙 5 内成功传输，抛 1 的信息包在时隙 6 内成功传输，这样所有在时隙 1 内抛 0 的信息包之间的碰撞得以解决。在树根时抛 1 的信息包在时隙 7 内开始发送信息，新的碰撞发生。这里假设在树根时抛 1 的信息包有两个，而且由于两个都是抛 0，所以在时隙 8 内再次发生碰撞并再一次进行分割，抛 0 的在时隙 9 内传输，抛 1 的在时隙 10 内传输。在时隙 7 内抛 1 的实际上没有信息包，所以时隙 11 为空闲。

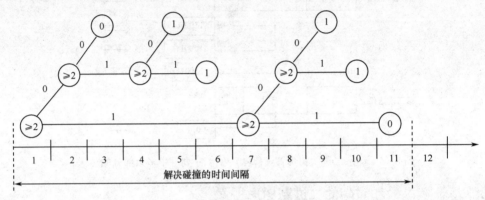

图 8-15　四层树算法的原理示意图

只有当所有发生碰撞的信息包都被成功地识别和传输后，碰撞问题才得以解决。从开始碰撞产生，到所有碰撞问题得以解决的这段时间称为解决碰撞的时间间隔（Collision Resolution Interval，CRI）。在本例中，CRI 的长度为 11 个时隙。

二进制树形算法是在碰撞发生后如何解决碰撞问题的一种算法。需要指出的是，当碰撞正在进行时，新加入这个系统的信息包禁止传输信息，直到该系统的碰撞问题得以解决，并且所有信息包成功发送完后，才能进行新信息包的传输。例如，在上例中，在时隙 1 到时隙 11 之间，新加入这个系统的信息包，只有在时隙 12 才开始传输。

二进制树形算法也可以按照堆栈的理论进行描述。在每个时隙，信息包堆栈不断地弹出与压栈，在栈顶的信息包最先传输。当碰撞发生时，先把抛 1 的信息包压栈，再把抛 0 的信息包压栈，这样抛 0 的信息包就处在栈顶，在下个时隙弹出即能进行传输。当完成一次成功传输或者出现一次空闲时隙的时候，栈顶的信息包被继续弹出，依次进行发送。显然，当堆栈为空时，即碰撞问题得以解决，所有信息包成功传输。接下来，把新到达这个系统的信息包压栈，操作过程同前面的一样。

8.4　本章小结

本章介绍了RFID中的关键技术——防碰撞技术。多个标签同时向读写器发送数据时，将会产生碰撞而导致读写器无法正确识读这些标签。无线通信领域中的防碰撞算法主要包括TDMA、CDMA、FDMA和SDMA。RFID系统的防碰撞算法基本都属于TDMA，主要包括ALOHA算法和二进制树形搜索算法。其中，ALOHA算法是一种非确定方法，由电子标签控制发送时间，一般用于高频RFID系统。二进制树形搜索算法一般是由读写器控制的确定性方法，主要用于超高频RFID系统。

思考与练习

（1）时分多路算法在RFID系统中的使用受到哪些限制？

（2）简述RFID系统中多标签碰撞的检测方法。

（3）简要说明RFID系统的时隙ALOHA算法的工作过程。

（4）RFID系统二进制树形搜索算法是如何解决碰撞的？简述其实现步骤。

（5）以下面四个在读写器作用范围内的电子标签为例说明二进制树形搜索算法选择电子标签的迭代过程。假设这四个电子标签的序列号分别为：

电子标签1：　10110010
电子标签2：　10100011
电子标签3：　10110011
电子标签4：　11100011

（6）利用基于随机数和时隙的二进制树形搜索算法解决四个应答器之间冲突，在下图圆圈中填入"≥2"、"0"或者"1"（"≥2"、"0"、"1"分别表示：该顶点包含的信息包个数大于或等于2、该时隙空闲、该时隙有一个信息包成功传输。假设在解决这些碰撞的过程中，没有新的信息包到达），并简要叙述碰撞解决的过程。

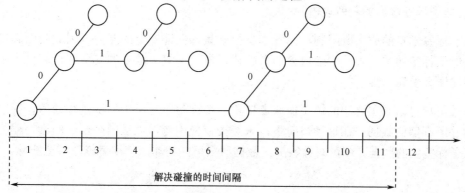

第 9 章

RFID 系统的安全

RFID 系统是一个开放的无线系统，其安全问题日渐显著。读写器、电子标签和网络等各个环节都存在安全隐患，安全与隐私问题已经成为制约 RFID 应用的主要因素之一。为了阻止某些试图侵入 RFID 系统进行的非授权访问，或者防止窃取甚至恶意篡改电子标签信息，必须采取措施来保证 RFID 数据的有效性和隐私性，确保数据安全性。

9.1 RFID 系统面临的安全攻击

RFID 系统中的安全问题在很多方面与计算机系统和网络中的安全问题类似。从根本上说，这两类系统的目的都是为了保护存储的数据和在系统的不同组件之间互相传输的数据。然而，由于以下两点原因，处理 RFID 系统中的安全问题更具有挑战性。首先，RFID 系统中的传输是基于无线通信方式的，使得传输的数据容易被"偷听"；其次，在 RFID 系统中，特别是对于电子标签，计算能力和可编程能力都被标签本身的成本所约束，更准确地讲，在一个特定的应用中，标签的成本越低，其计算能力也就越弱，在安全方面防止被威胁的能力也就越弱。

下面讨论 RFID 系统面临的主要安全威胁，一般来说，常见的安全攻击有以下 4 种类型。

1. 电子标签数据的获取攻击

由于标签本身的成本所限制，标签本身很难具备保证安全的能力，因此会面临着许多问题。电子标签通常包含一个带内存的微芯片，电子标签上数据的安全和计算机中数据的安全都同样会受到威胁。

非法用户可以利用合法的读写器或者自构一个读写器与电子标签进行通信，很容易地获取标签所存储的数据。在这种情况下，未经授权使用者可以像一个合法的读写器一样去读取电子标签上的数据。在可写标签上，数据甚至可能被非法使用者修改甚至删除。

2. 电子标签和读写器之间的通信侵入

当电子标签向读写器传输数据，或者读写器从电子标签上查询数据时，数据是通过无线电波在空中传播的。在这个通信过程中，数据容易受到攻击，这类无线通信易受攻击的特性包括以下几个方面。

（1）非法读写器截获数据：非法读写器中途截取标签传输的数据。

（2）第三方堵塞数据传输：非法用户可以利用某种方式去阻塞数据在电子标签和读写器之间的正常传输。最常用的方法是欺骗，通过很多假的标签响应让读写器不能分辨正确的标签响应，使得读写器过载，无法接收正常的标签数据，这种方法也叫作拒绝服务攻击。

（3）伪造标签发送数据：伪造的标签向读写器提供虚假数据，欺骗 RFID 系统接收、处理，以及执行错误的电子标签数据。

3. 侵犯读写器内部的数据

在读写器发送数据、清空数据或者将数据发送给主机系统之前，都会先将信息存储在内存中，并用它来执行某些功能。在这些处理过程中，读写器就像其他计算机系统一样存在传统的安全侵入问题。

4. 主机系统侵入

电子标签传出的数据，经过读写器到达主机系统后，将面临现存主机系统的 RFID 数据的安全侵入问题。这些问题超出了本书讨论的范围，有兴趣的读者可参考计算机或网络安全方面相关的文献资料。

由于目前 RFID 的主要应用领域对隐私性的要求不高，因此对于安全、隐私问题的注意力还比较少。然而，RFID 这种应用面很广的技术，具有巨大的潜在破坏能力，如果不能很好地解决 RFID 系统的安全问题，随着物联网应用的扩展，未来遍布全球各地的 RFID 系统安全可能会像现在的网络安全难题一样考验人们的智慧。

9.2 RFID 系统安全解决方案

RFID 的安全和隐私保护与成本之间是相互制约的。例如，根据自动识别（Auto-ID）中心的试验数据，在设计 5 美分标签时，集成电路芯片的成本不应该超过 2 美分，这使集成电路门电路数量只能限制在 7500～15000 范围内。而一个 96 bit 的 EPC 芯片需要 5000～10000 的门电路，因此用于安全和隐私保护的门电路数量不能超过 2500～5000，这样的限制使得现有密码技术难以应用。优秀的 RFID 安全技术解决方案应该是平衡安全、隐私保护与成本的最佳方案。

现有的 RFID 系统安全技术可以分为两大类：一类是通过物理方法阻止标签与读写器之间通信；另一类是通过逻辑方法增加标签安全机制。

9.2.1　物理方法

常用的 RFID 安全的物理方法有杀死（Kill）标签、法拉第网罩（Faraday Cage）、主动干扰、阻止标签等。

杀死（Kill）标签的原理是使标签丧失功能，从而阻止对标签及其携带物的跟踪。但是，Kill 命令使标签失去了它本身应有的优点，如商品在卖出后，标签上的信息将不再可用，但这样不便于之后用户对产品信息的进一步了解，以及相应的售后服务。另外，若 Kill 识别序列号（PIN）一旦泄漏，可能导致恶意者对商品的偷盗。

法拉第网罩（Faraday Cage）的原理是根据电磁场理论，由传导材料构成的容器如法拉第网罩可以屏蔽无线电波，使得外部的无线电信号不能进入法拉第网罩，反之亦然。把标签放进由传导材料构成的容器可以阻止标签被扫描，即被动标签接收不到信号，不能获得能量，而主动标签发射的信号不能发出。因此，利用法拉第网罩可以阻止隐私侵犯者扫描标签获取信息。例如，当货币嵌入 RFID 标签后，可利用法拉第网罩原理阻止隐私侵犯者扫描，避免他人知道你包里有多少钱。

主动干扰无线电信号是另一种屏蔽标签的方法。标签用户可以通过一个设备主动广播无线电信号用于阻止或破坏附近的读写器的操作。但这种方法可能导致非法干扰，使附近其他合法的 RFID 系统受到干扰，严重时可能阻断附近其他无线系统。

阻止标签的原理是通过采用一个特殊的阻止标签干扰的防碰撞算法来实现的，读写器读取命令每次总获得相同的应答数据，从而保护标签。

9.2.2　逻辑方法

在 RFID 安全技术中，常用逻辑方法有哈希（Hash）锁方案、随机 Hash 锁方案、Hash 链方案、匿名 ID 方案及重加密方案等。

1．Hash 锁

Hash 锁是一种完善的抵制标签未授权访问的安全与隐私技术。整个方案只需要采用 Hash 散列函数给 RFID 标签加锁，因此成本很低。采用 Hash 锁方法控制标签读取访问，其工作机制如图 9-1 所示。

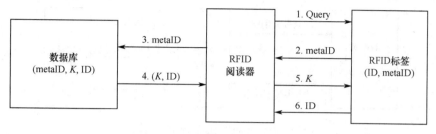

图 9-1 采用 Hash 锁方法控制标签

（1）锁定标签。对于唯一标识号为 ID 的标签，首先读写器随机产生该标签的 K，计算 metaID = Hash(K)，将 metaID 发送给标签；然后由标签将 metaID 存储下来，进入锁定状态；最后读写器将（metaID，K，ID）存储到后台数据库中，并以 metaID 为索引。

（2）解锁标签

如图 9-1 所示，读写器询问标签时，标签回答 metaID；然后读写器查询后台数据库，找到对应的（metaID，K，ID）记录，再将 K 值发送给标签；标签收到 K 值后，计算 Hash(K) 值，并与自身存储的 metaID 值比较，若 Hash(K)=metaID，则标签将其 ID 发送给阅读器，这时标签进入已解锁状态，并为附近的读写器开放所有的功能。

该方法的缺点是：由于每次询问时标签回答的数据时特定的，所以它不能防止位置跟踪攻击；读写器和标签间传输的数据未经加密，窃听者可以轻易地获取标签 K 和 ID 的值。

2. 随机 Hash 锁

作为 Hash 锁的扩展，随机 Hash 锁解决了标签位置隐私问题。采用随机 Hash 锁方案，读写器每次访问标签的输出信息都不同。随机 Hash 锁原理是标签包含 Hash 函数和随机数发生器，后台服务器数据库存储所有标签 ID。读写器请求访问标签，标签接收到访问请求后，由 Hash 函数计算标签 ID 与随机数 r（由随机数发生器生成）的 Hash 值。标签再发送数据给请求的阅读器，同时读写器发送给后台服务器数据库，后台服务器数据库穷举搜索所有标签 ID 和 r 的 Hash 值，判断是否为对应标签 ID，标签接收到读写器发送的 ID 后解锁。

假设标签 ID 和随机数 R 的连接即可表示为"ID$\|R$"，然后将数据库中存储的各个标签的 ID 值设为 ID_1，ID_2，ID_k，…，ID_n。

锁定标签：通过向未锁定的标签发送简单的锁定指令，即可锁定该标签。

解锁标签：读写器向标签 ID 发出询问，标签产生一个随机数 R，计算 Hash(ID$\|R$)，并将（R，Hash(ID$\|R$)）数据传输给读写器；读写器收到数据后，从后台数据库取得所有的标签 ID 值，分别计算各个 Hash(ID$\|R$) 值，并与收到的 Hash(ID$\|R$) 比较，若 Hash($ID_k\|R$)=Hash(ID$\|R$)，则向标签发送 ID_k；若标签收到 ID_k=ID，此时标签解锁，如图 9-2 所示。

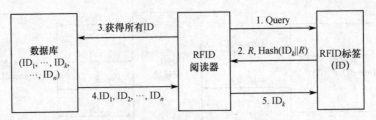

图 9-2　解锁经随机 Hash 锁锁定的标签

尽管 Hash 函数可以在低成本情况下完成，但要集成随机数发生器到计算能力有限的低成本被动标签上，却是很困难的。随机 Hash 锁仅解决了标签位置隐私问题，一旦标签的秘密信息被截获，隐私侵犯者可以获得访问控制权，通过信息回溯得到标签历史记录，推断标签持有者隐私；而且后台服务器数据库的解码操作通过穷举搜索，需要对所有的标签进行穷举搜索和 Hash 函数计算，因此标签数目很多时，系统延时会很长，效率并不高。

3. Hash 链

Hash 链作为 Hash 方法的一个扩展，为了解决可跟踪性，标签使用了一个 Hash 函数在每次读写器访问后自动更新标识符的方案，实现前向安全性。

方案的原理是最初标签在存储器中设置一个随机的初始化标识符 S_1，同时这个标识符也储存在后台数据库。标签包含两个 Hash 函数 G 和 H。当读写器请求访问标签时，标签返回当前标签标识符 $a_k=G(S_k)$ 给读写器，同时当标签从读写器电磁场获得能量时自动更新标识符 $S_{k+1}=H(S_k)$。

NTT 实验室提出了一个 Hash 链方法（如图 9-3 所示），可保证前向安全性，其工作机制如下所述。

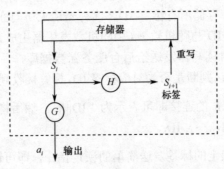

图 9-3　Hash 链方法

锁定标签：对于标签 ID，读写器随机选取一个数 S_1 发送给标签，并将（ID，S_1）存储到后台数据库中，标签存储接收到 S_1 后便进入锁定状态。

解锁标签：在第 i 次事务交换中，读写器向标签发出询问消息，标签输出 $a_i=G_i$，并更新 $S_{i+1}=H(S_i)$，其中 G 和 H 为单向 Hash 函数。读写器收到 a_i 后，搜索数据库中所有的（ID，S_1）数据对，并为每个标签递归计算 $a_i=G(H(S_{i-1}))$，比较是否等于 a_i，若相等，则返回相应的 ID。该方法使得隐私侵犯者无法获得标签活动的历史信息，但不适合标签数目较多的情况。

与之前的 Hash 方案相比，Hash 链的主要优点是提供了前向安全性。然而，该方案每次识别时都需要进行穷举搜索，比较后台数据库中的每个标签，随着标签规模扩大，后端服务器的计算负担将急剧增大。因此 Hash 链方案存在着所有标签自动更新标识符方案的通用缺点，即难以大规模扩展；同时，因为需要穷举搜索，所以存在拒绝服务攻击的风险。

4．匿名 ID 方案

匿名 ID 方案采用匿名 ID，在消息传输过程中，隐私侵犯者即使截获标签信息也不能获得标签的真实 ID。该方案通过第三方数据加密装置，采用公钥加密、私钥加密或者添加随机数生成匿名标签 ID。虽然标签信息只需要采用随机读取存储器（RAM）存储，成本较低，但数据加密装置与高级加密算法都将导致系统的成本增加。标签 ID 加密以后仍具有固定输出，因此，使得标签的跟踪成为可能，存在标签位置隐私问题；并且，该方案的实施前提是读写器与后台服务器的通信建立在可信任的通道上。

5．重加密方案

重加密方案采用公钥加密。标签可以在用户请求下通过第三方数据加密装置定期对标签数据进行重写。因为采用公钥加密，大量的计算负载将超出标签的能力，所以这个过程通常由读写器来处理。该方案存在的最大缺陷是标签的数据必须经常重写，否则，即使加密标签 ID 固定的输出也将导致标签定位隐私泄漏。与匿名 ID 方案相似，标签数据加密装置与公钥加密将导致系统成本的增加，使得大规模的应用受到限制，并且经常地重复加密操作也给实际操作带来困难。

9.3　智能卡的安全问题

智能卡是应用最广泛的一种电子标签，应用于证件或者流通领域等领域。随着智能卡的推广使用，利用它进行欺诈或者作弊的行为也会不断增加，因此，需要提供合理的防护措施。

9.3.1　影响智能卡安全的基本问题

在智能卡的设计阶段、生产环境、生产流程及使用过程中都会遇到各种潜在的威胁。攻击者可能采取各种探测方法以获取硬件安全机制、访问控制机制、鉴别机制、数据保护系统、存储体分区、密码模块程序等的设计细节，以及初始化数据、私有数据、口令或密码密钥等敏感数据，并可能通过修改智能卡上重要安全数据的方法，非法获得对智能卡的使用权。这些攻击对智能卡的安全构成很大威胁。根据各种对智能卡攻击所采用的手段和攻击对象的不同，一般可以归纳为以下三种方式。

（1）使用伪造的智能卡，以期进入某一系统。模拟智能卡与接口设备之间的信息，使接口设备无法判断出是合法的还是伪造的智能卡。例如，像制造伪钞那样直接制造伪卡，对智能卡的个人化过程进行攻击，在交易过程中替换智能卡等。

（2）冒用他人遗失的，或是使用盗窃所得的智能卡。试图冒充别的合法用户进入系统，对系统进行实质上未经授权的访问。

（3）主动攻击方式，直接对智能卡与外部通信时所交换的信息流（包括数据和控制信息）进行截听、修改等非法攻击，以谋取非法利益或破坏系统。

9.3.2　物理安全

虽然智能卡的主要功能封闭在单个芯片中，然而仍然有可能被实施反向工程。用于实施物理攻击的主要方法包括以下三种。

（1）微探针技术：攻击者通常使用专业手段去除芯片的各层金属，在去除芯片封装之后，通过使用亚微米级微探针获取感兴趣的信号，从而分析出智能卡的有关设计信息和存储结构，甚至直接读取出存储器的信息进行分析。

（2）版图重构：利用特制显微镜研究电路的连接模式，跟踪金属连线穿越可见模块（如ROM、RAM、EEPROM、ALU、指令译码器等）的边界，可以迅速识别芯片上的一些基本结构，如数据线和地址线。

（3）聚离子束（FIB）技术：采用镓粒子束攻击芯片表面，在不破坏芯片表面电路结构的情况下，用含有不同气体的粒子束，可在芯片上沉积出导线、绝缘体甚至半导体。采用这种方法可重新连接测试电路的熔断丝，或将多层芯片中深藏在内部的信号连到芯片的表面，或加粗加强过于纤细脆弱无法置放探针的导线，从而形成一个新的"探针台"。技术人员可利用激光干涉仪工作台观察芯片单个晶体的微细结构，以及其他的电路结构。

物理攻击是实现成功探测的强有力手段，但其缺点在于入侵式的攻击模式，同时需要昂贵的高端实验室设备和专门的探测技术。

为了保证智能卡在物理安全方面的安全，一般应该采取如下的一些措施。

（1）在智能卡的制造过程中使用特定的复杂而昂贵的生产设备，同时制造人员还需要具备各种专业知识或技能，以增加直接伪造的难度，甚至使之不能实现。

（2）对智能卡在制造和发行过程中所使用的一切参数都应严格保密。

（3）增强智能卡在包装上的完整性。这主要包括给存储器加上若干保护层，把处理器和存储器做在智能卡内部的芯片上；选用一定的特殊材料（如对电子显微镜的电子束敏感的材料），防止非法对存储器内容进行直接分析。

（4）在智能卡的内部安装监控程序，以防止外界对处理器/存储器数据总线及地址总线的截听，设置监控程序也可以防止对智能卡进行非授权的访问。

（5）对智能卡的制造和发行的整个工序加以分析，确保没有人能够完整地掌握智能卡的制造和发行过程，从而在一定程度上防止可能发生的内部职员的非法行为。

9.3.3 逻辑安全

逻辑攻击者在软件的执行过程中插入窃听程序，利用这些缺陷诱骗智能卡泄漏机密数据或允许非期望的数据修改。从所需的设备来看，逻辑攻击的成本可以说是相当低的，攻击者只需具备智能卡、读写器和 PC 即可；其另一优点在于非入侵式的攻击模式，以及可轻松地复制。智能卡的逻辑安全主要由下列的途径实现。

1. 鉴别与核实

鉴别与核实：鉴别与核实其实是两个不同的概念，但是它们二者在所实现的功能十分相似，所以我们同时对它们进行讨论，利于比较。

通常所谓的鉴别（Authentication），是指的是对智能卡（或者是读写设备）的合法性的验证，即如何判定一张智能卡（或读写设备）不是伪造的卡（或读写设备）的问题；而核实（Verify）是指对智能卡的持有者的合法性进行验证，也就是如何判定一个持卡人是否经过了合法的授权的问题。由此可见，二者实质都是对合法性的一种验证，但是，在具体的实现方式上，由于二者所要验证的对象的不同，所采用的手段也就不尽相同。

鉴别是通过智能卡和读写设备双方同时对任意一个相同的随机数进行某种相同的加密运算（目前常用 DES 算法），然后判断双方运算结果的一致性来达到验证的目的。以智能卡作为参照点，分为外部鉴别和内部鉴别。

外部鉴别就是智能卡对读写设备的合法性进行的验证。先由读写器向智能卡发一串口令（产生随机数）命令，智能卡产生一个随机数，然后由读写器对随机数加密成密文，密钥预先存放在读写器和 IC 卡中，密钥的层次则要按需要设定。读写器将密文与外部鉴别命令发送给 IC 卡，卡执行命令时将密文解密成明文，并将明文和原随机数相比较，若相同则卡认为读写器是合法的，否则卡认为读写器是伪造的。

内部鉴别就是读写设备对智能卡的合法性进行的验证，原理与 IC 卡鉴别读写器的真伪相似，但使用内部鉴别命令，解密后的结果与随机数进行比较的操作应在读写器中进行，而不是由 IC 卡来鉴别真伪。

核实是通过用户向智能卡出示仅有他本人才知道的通行字，并由智能卡对该通行字的正确性进行判断来达到验证的目的。在通行字的传输过程中，有时为了保证不被人窃听还可以对要传输的信息进行加/解密运算，这一过程通常也称为通行字鉴别，有时也称为个人身份鉴别。目前用得最多的方法就是通过验证用户个人识别号（Personal Identification Number，PIN）来确认使用卡的用户是不是合法的持卡人。验证过程如图 9-4 所示，持卡人利用读写设备向智能卡提供 PIN，智能卡把它和事先存储在卡内的 PIN 相比较，比较结果在以后访问存储器和执行指令时可以作为参考，用来判断是否可以访问或者执行。

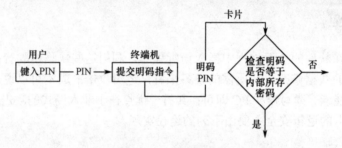

图 9-4　PIN 的验证过程

2. 智能卡的通信安全与保密

智能卡通过鉴别与核实的方法可以有效地防止伪卡的使用，防止非法用户的入侵，但无法防止在信息交换过程中发生的窃听，因此，在智能卡与读写设备的通信过程中，需要对重要的数据进行加密来作为反窃听的有效手段。智能卡的通信安全与保密是智能卡的安全特性中最重要的方面之一，因为无论一张卡使用的目的是什么，它都必须与别的设备进行通信。

一般而言，在通信方面对信息的修改可以有许多不同的方法，主要包括：对信息内容进行更改、删除及添加、改变信息的源点或目的点、改变信息组/项的顺序、再次利用曾经发送过的或者存储过的信息，以及篡改回执等。从安全角度考虑，就是要针对以上这些攻击手段采取适当的技术防范措施，以求实现智能卡与外部设备进行信息交换过程的有效性与合法性的目的。

信息交换过程中的保密性主要是利用密码技术对信息进行加密处理的，以掩盖真实信息，使之变得不可理解，达到保密的目的。智能卡系统中常用的两种密码算法是：对称密钥密码算法或数据加密算法（Data Encryption Standard，DES）和非对称密钥密码算法或公共密钥密码算法（RSA）。智能卡经常采用 DES 算法的原因是因为该算法已被证明是一个十分成功的加密算法，而且算法的运算复杂度相对而言也较小，比较适用于智能卡这样运算能力不是很强的情况。

例如，在对数据内容 a 加密时，采用的办法就是对从密码文件中选出的密码首先进行一次 DES 加密运算，然后将运算结果作为数据加密的密码使用。其计算公式为

$$Key=DES(CTC，K(a))$$

式中，K 是从密码文件中随机选取的一个密钥；CTC 是记录智能卡操作次数的计数器，该计数器每完成一次操作就增 1；Key 就是最后要提供给数据加密运算使用的密码。使用这种方法可以提高智能卡的安全性，但却降低了执行的效率。具体采用什么样的方法来产生密码应当根据智能卡的应用范围及安全性要求的高低而具体而定。

保证数据完整性的一般方法是在所交换的信息报文内加入报头或报尾，称其为鉴别码。这个鉴别码是通过对报文进行的某种运算得到的，它与报文的内容密切相关，报文的正确与否可以通过这个鉴别码来检验。鉴别码由报文发送方计算产生，并和报文一起加密后提供给接收方。接收方在收到报文后，首先对之解密得到明文，然后用约定的算法计算出解密报文（明文）的鉴别码，再与收到报文中的鉴别码相比较，如果相等，则认为报文是正确的，否则就认为该报文在传输过程中已被修改过。在鉴别过程中，鉴别算法的设计是至关重要的，常用的鉴别算法有累加和、异或校验、CRC 校验、DSA（Decimal Shift and Add）鉴别算法等。

3. 存储区域保护

把智能卡的数据存储器划分成若干个区，对每个区都设定各自的访问条件；只有在符合设定条件的情况下，才允许对相应的数据存储区域进行访问。表 9-1 所示为一金融智能卡的存储区域保护措施，"O" 为允许，"X" 为不允许，发行密码用来验证发行者的身份，PIN 用来验证持卡人的身份。通过对存储区域的划分，普通数据和重要数据被有效地分离，各自接受不同程度的条件保护，相应地提高了逻辑安全的强度。

表 9-1　智能卡数据存储区域访问权限

存储区域	确认发行密码以后		确认 PIN 以后		确认 PIN 以前		存 放 数 据
	读	写	读	写	读	写	
条件 1 区	O	O	X	X	X	X	加密密钥
条件 2 区	X	X	O	O	X	X	交易数据
条件 3 区	O	O	O	X	X	X	户头名、存取权限
条件 4 区	O	O	O	X	O	X	用户姓名、住址

对存储区的访问控制，本书 5.5.2 节已经介绍了一个具体的实例（Mifare S50 卡的存储区访问控制），可作为本部分的参考。

9.4　本章小结

本章主要介绍了 RFID 系统中面临的安全挑战。RFID 的安全技术分为两类：物理方法和逻辑方法。物理方法有杀死标签、法拉第网罩、主动干扰、阻止标签等；逻辑方法包括 Hash 锁方案、随机 Hash 锁、Hash 链、匿名 ID 方案及重加密方案。

智能卡作为一种应用最为广泛的电子标签，其安全性备受关注。攻击者可利用物理的方法窃取智能卡芯片中的数据，但是难度很大；而智能卡的逻辑安全手段则包含鉴别与核实、加密通信和存储区域保护措施。

思考与练习

（1）RFID 系统面临的安全攻击有哪些？

（2）RFID 安全技术解决方案的包括哪几种方式？

（3）简述 RFID 逻辑解决方案中的随机 Hash 锁方案和 Hash 链方案的工作机制。

（4）对智能卡的安全造成威胁的行为有哪些？

（5）保证智能卡的逻辑安全有哪几种实现途径？

（6）说明智能卡与读写设备之间相互认证的方法，即读写器如何确定卡是有效的而不是伪造的，卡又是如何确定读写器的真实性的？

第 10 章

物联网 RFID 标准

Internet 之所以能够在全球范围内实现软/硬件及信息资源的共享，是因为实现了各种网络设备的软/硬件及数据交换标准的统一。同样，物联网日渐崛起，应用越来越广泛，也需要统一 RFID 的相关标准。随着物联网的全球化，以及国际射频识别日趋激烈的竞争，物联网 RFID 标准体系已经成为各个国家和企业参与国际竞争的重要手段。

10.1 RFID 标准概述

标准化是指对产品、过程或服务中的问题做出规定，提供可共同遵守的工作语言，以利于技术合作，同时防止贸易壁垒。通过制定、发布和实施 RFID 标准，可以解决编码通信、空中接口和数据共享等问题，以最大限度地促进 RFID 技术及相关系统的应用。

10.1.1 RFID 国际标准化机构

1. ISO/IEC

RFID 技术在国际标准化组织的分类中属于信息技术中的自动识别与数据采集领域（Automatic Identification and Data Capture Techniques，AIDC），由国际标准化组织（International Organization for Standardization，ISO）和国际电工委员会（International Electrotechnical Commission，IEC）负责制定其标准。ISO 和 IEC 专门为 AIDC 技术成立了技术标准组 Joint Technical Committee（JTC-1），1996 年又成立了 SC31 分委员会，负责自动识别和数据采集技术的标准化制定工作，目前已经下设 6 个工作组，其中 WG1 负责数据载体，WG2 负责数据结构，WG4 负责物品管理的 RFID 技术，WG5 负责实时定位系统，WG6 负责移动物品识别和管理，WG7 负责物品管理的安全性。还有一些其他的 ISO 技术委员会也涉及部分 RFID 的相关标准，如 ISO/IEC TC-104 货运集装箱标准化技术委员会公布了一个 RFID 用于海运集装箱的标准，ISO TC-122 包装标准化技术委员会和 ISO TC-104y 的联合工作组也正在开发一系列 RFID 供应链管理的应用标准。和其他非强制性的标准一样，ISO 标准是否被采用也取决于市场的需求。

2．EPCglobal

除了上述 ISO/IEC 国际标准化组织，与 RFID 技术和应用相关的国际标准化机构还有其他行业组织，如著名的 EPCglobal。

EPCglobal 是由美国统一代码协会（UCC）和国际物品编码协会（EAN）于 2003 年 9 月共同成立的非营利性组织，其主要职责是在全球范围内对各个行业建立和维护 EPCglobal 网络，保证物联网各个环节信息的自动识别，并且采用全球统一标准。

EPCglobal 制定了标准开发过程规范，它规定了 EPCglobal 各部门的职责，以及标准开发的业务流程，对递交的标准草案进行多方审核，确保制定的标准具有很强的竞争力。目前 EPCglobal 提供的服务主要有：

- 分配、维护和注册 EPC 管理者代码；
- 对用户提供 EPC 技术和 EPC 网络相关内容的教育和培训；
- 参与 EPC 商业应用案例实施和 EPCglobal 网络标准的制定；
- 参与 EPCglobal 网络、网络组成、研究开发和软件系统等的规范的制定和实施。

在我国，EPCglobal 授权中国物品编码中心作为唯一负责我国 EPC 系统的注册管理、维护及推广应用工作的代表。

3．其他组织

其他 RFID 标准相关的组织还包括各种区域、国家、行业等标准组织，它们制定了与 RFID 相关的区域、国家及行业组织标准，并通过不同的渠道提升为国际标准。

日本的泛在中心（Ubiquitous ID）制定 RFID UID 标准的思路类似于 EPCglobal，目标也是构建一个完整的标准体系，即从编码体系、空中接口协议到泛在网络体系结构，但在很多细节方面与 EPC 系统还是有差异的。近年来日本的 UID 标准也在国际上取得了一定的影响力。

韩国利用国内移动通信的发展优势，把 RFID 和移动通信结合起来，并从 2000 年开始在系统架构、编码格式、空中接口、安全隐私等方面开展相关的标准化工作，以此为突破口，主导了一些国际标准的制定。

另外，与 RFID 技术和应用相关的国际标准化机构有国际电信联盟（ITU）、世界邮联（UPU）等；区域性标准化机构有欧洲标准化委员会（CEN）等；国家标准化机构有 BSI（英国标准协会）、ANSI（美国国家标准化组织）、DIN（德国标准化学会）等；行业组织有 ATA（世界海关组织暂准进口协议）、AIAG（汽车工业行动组）、EIA（电子工业联合会）等。

10.1.2 RFID 标准体系

如图 10-1 所示，RFID 标准体系的主要包括以下几个方面。

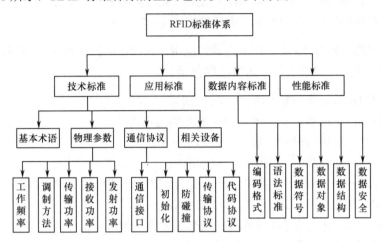

图 10-1　RFID 标准体系

（1）技术标准。主要包括接口和通信技术，如空中接口、防碰撞方法、中间件技术和传输协议等。例如，ISO 18000 定义了询问者与标签之间在不同频率上的空中接口，PC Gen2 定义了频率在 860～960 MHz 的空中接口标准。

（2）数据内容标准。主要指数据结构、编码格式和数据安全等相关内容。ISO/IEC 15961、ISO/IEC 15962 与 ISO/IEC 15963 标准规定了信息交换过程中的数据协议，它们独立于 ISO 18000 系列空中接口通信协议。

（3）性能标准。狭义的 RFID 系统是指由承载了唯一编码的 RFID 标签通过天线与读写器实现通信，因此 RFID 标签、读写器和天线就构成了完成自动识别与数据采集的有机整体。要实现系统的目标功能，系统各部分之间必须满足一致性要求，从而实现不同厂家生产设备之间的互通性和互操作性。因此，SC31 WG3 制定了性能测试和一致性测试的方法标准，并作为 RFID 测试工作的基础。

ISO/IEC 18046 定义了 RFID 设备的性能检测方法，包括对标签参数、速度、标签阵列、方向、单标签检测及多标签检测等标签性能的检测方法，以及对读取距离、读取率、单标签和多标签读取等读写器性能的检测方法。

ISO/IEC 18047 定义了 RFID 设备的一致性测试方法，也称为空中接口通信协议测试方法。与 ISO 18000 系列标准相对应，ISO/IEC 18047 也分为以下几个部分。

- ISO/IEC 18047-2：125～134 kHz，对应 ISO 18000-2。
- ISO/IEC 18047-3：13.56 MHz，对应 ISO 18000-3。
- ISO/IEC 18047-4：2.45 GHz，对应 ISO 18000-4。
- ISO/IEC 18047-6：860～960 MHz，对应 ISO 18000-6。
- ISO/IEC 18047-7：433 MHz，对应 ISO 18000-7。

（4）应用标准。RFID 涉及了众多的具体应用，各种不同的应用涉及不同的行业，因此标准还需要涉及有关行业的规范，典型标准包括有

- ISO 10374：货运集装箱标准（自动识别）。
- ISO 18185：货运集装箱的电子封条的射频通信协议。
- ISO 11784：动物的射频识别——编码结构。
- ISO 11785：动物的射频识别——技术准则。
- ISO 14223—1：动物的射频识别——高级标签第一部分的空中接口。
- ANSI MH 10.8.4：可回收容器的 RFID 标准。
- AIAGB—11：轮胎电子标签标准（汽车工业性动组）。
- ISO 122/104 JWG：RFID 的供应链应用。

10.1.3　RFID 标准多元化的原因

RFID 的国际标准比较多，其原因可分为技术因素和利益因素两个方面。

1. 技术因素

（1）RFID 的工作频率和信息传输方式。RFID 的工作频率分布在低频至微波的各个频段中，技术差异很大。例如，125 kHz 的电路、天线设计与 2.45 GHz 的电路、天线设计就有很大的不同。即使对于相同的频率，由于基带信号和调制方式的不同，也会形成不同的技术标准。例如，对于 13.56 MHz 的工作频率，ISO/IEC 14443 标准就有 Type-A 和 Type-B 两种方式。

（2）作用距离。作用距离的差异也是标准不同的主要原因。作用距离不同产生的差异主要表现在以下几个方面：应答器的工作方式分有源工作方式和无源工作方式两种；RFID 系统的工作原理不同，近距离采用电感耦合方式，远距离采用基于微波的反射散射耦合方式；载波功率的差异。例如，同为 13.56 MHz 工作频率的 ISO/IEC 14443 标准和 ISO/IEC 15693 标准，由于后者作用距离较远，所以其读写器输出的载波功率较大（但不能超出 EMI 有关标准的规定）。

（3）应用目标的不同。RFID 的应用很广泛，针对不同的应用目的，其存储的数据代码、外形需求、频率选择、作用距离及复杂度等都会有很大的差异。例如，动物识别和货物识

别、高速公路的车辆识别计费和超市货物的识别计费等，它们之间都存在较大的不同。

（4）技术的发展。随着信息技术和制造业的进步，RFID 标准需要不断融入这些新进展，以形成与时俱进的标准。

2．利益因素

尽管标准是开放的，但标准中的技术专利会给相应的国家、集团及企业等带来巨大的市场效应和经济效益，因此标准的多元化之争也是这些利益之争的必然反映。

10.2　ISO/IEC 的相关标准

ISO 和 IEC 是资深的全球非营利性标准化专业机构，它们联合发布 ISO/IEC 标准。现在国际上 RFID 标准大部分都是由 ISO/IEC 联合发布的。

10.2.1　ISO/IEC 的标准体系

ISO/IEC 已出台的 RFID 标准主要关注基本的模块构建、空中接口和涉及的数据结构，以及它们的实施问题。具体可以分为技术标准、数据结构标准、性能标准及应用标准四个方面，如图 10-2 所示。

技术标准是其中最关键的部分之一，下面将重点介绍技术标准，首先以 ISO/IEC 14443 为例介绍非接触智能卡标准，然后以 ISO/IEC 18000 为例介绍 RFID 空中接口标准。

10.2.2　非接触式 IC 卡国际标准（ISO/IEC 14443）

目前 RFID 非接触式智能卡常用的三个 ISO 标准：ISO/IEC 14443、ISO/IEC 15693 和 ISO/IEC 10536，如表 10-1 所示。目前 ISO 14443 以 13.56 MHz 交变信号为载波频率，应用较为广泛。本节将以 ISO/IEC 14443 为例介绍非接触式 IC 卡国际标准。

表 10-1　非接触式 IC 卡国际标准

标　　准	卡 的 类 型	阅 读 器	作 用 距 离
ISO/IEC 10536	密耦合（CICC）	CCD	紧靠
ISO/IEC 14443	近耦合（PICC）	PCD	<10 cm
ISO/IEC 15693	疏耦合（VICC）	VCD	约 50 cm

ISO/IEC 14443 是近耦合非接触式 IC 卡的国际标准，可用于身份证和各种智能卡、存储卡等。ISO/IEC 14443 标准由四部分组成，即 ISO/IEC 14443-1/2/3/4。

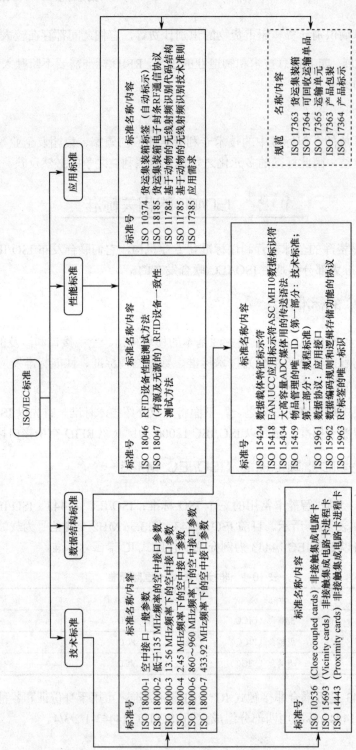

图 10-2 ISO/IEC 的 RFID 标准

1．ISO/IEC 14443-1 物理特性

第一部分物理特性规定了非接触式 IC 卡的机械性能，其尺寸应满足 ISO 7810 中的规范，即 85.72 mm×54.03 mm×0.76 mm±容差。除此以外，还应满足在紫外线、X 射线、交流电场、交流磁场、静电、静磁场、工作温度和动态弯曲等方面提出的要求，其测试方法在 ISO/IEC 10373 标准中有相关描述。

2．ISO/IEC 14443-2 射频能量和信号接口

阅读器（PCD，也称为读写器）产生耦合到应答器（PICC，也称为电子标签）的射频磁场，用以传输能量。PICC 通过耦合的方式获得能量，并转换成芯片工作的直流电压。PCD 和 PICC 间通过信号调制与解调实现通信。射频频率为 13.56 MHz±7 kHz，阅读器产生的磁场强度在 1.5～7.5 A/m（有效值），若 PICC 的动作场强为 1.5 A/m，那么 PICC 在距离 PCD 为 10 cm 时应能正常不间断地工作。在 PICC 可能处于的任何位置，PCD 产生的电磁场都不能超过 ISO/IEC 14443-1 中规定的数值。

信号接口也称为空中接口。本协议规定了两种信号接口：Type-A（A 类）和 Type-B（B 类），因而 PICC 仅需采用两者之一的方式，而 PCD 最好对两者都能支持并可任意选择其中之一来适配 PICC。

（1）TYPE-A 型。

① PCD 向 PICC 通信。载波频率为 13.56 MHz，在初始化和防碰撞期间，数据传输率=13.56 MHz/128=106 kbit/s，一位数据所占的时间周期为 9.4 μs，采用修正密勒码的 100%ASK 调制。在射频场中创造一个“间隙（Pause）”来传输二进制数据，为保证对 PICC 的不间断的能量供给，载波间隙时间为 2～3 μs，其实际波形如图 10-3 所示。

② PICC 向 PCD 通信。PICC 向 PCD 通信以负载调制方式实现。PICC 通过电感耦合方式与 PCD 进行通信。用数据的曼彻斯特编码的副载波调制（ASK）信号进行负载调制。副载波的频率 $f_s=f_c/16$，约为 847 kHz，在初始化和防碰撞期间，一位数据的时间等于 8 个副载波时间。Type-A 接口信号的波形如图 10-4 所示。

（2）Type-B 型。

① PCD 向 PICC 通信。在初始化和防碰撞期间，数据传输速率为 $f_c/128$，约为 106 kHz，用数据的 NRZ 码对载波进行 ASK 10%调制，调制指数=$(a-b)/(a+b)$=8%～14%，其调制波形如图 10-5 所示。逻辑 1 时载波高幅度（无调制）；逻辑 0 时载波低幅度。

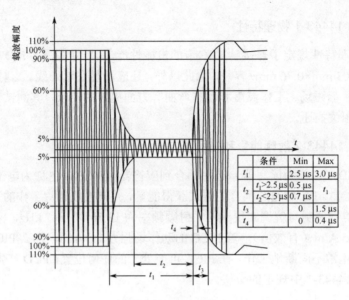

图 10-3　Pause 波形

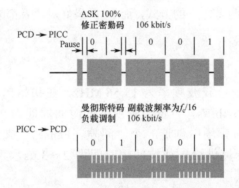

图 10-4　Type-A 接口信号波形

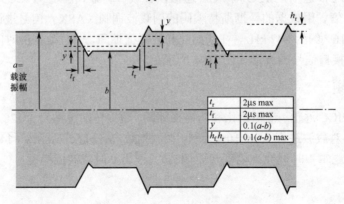

图 10-5　Type-B 调制波形

② PICC 向 PCD 通信。在初始化和防碰撞期间，数据传输速率为 $f_c/128$，约为 106 kHz，用数据的 NRZ 码对副载波（847 kHz）进行 BPSK 调制，然后用副载波调制信号进行负载调制实现通信。在初始化和防碰撞期间，一位时间等于 8 个副载波时间。Type-B 接口信号的波形如图 10-6 所示。

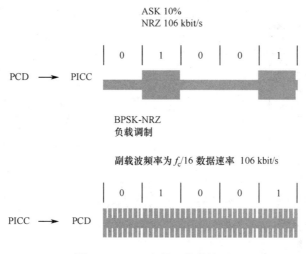

图 10-6　Type-B 接口信号波形

从 PCD 发出任一命令后，在 TR0（TR0 即 PCD off 和 PICC on 之间静默的最小延迟）的保护时间内，PICC 不产生副载波，TR0>$64T_s$（T_s 为副载波周期）。然后，在 TR1（TR1 即 PICC 数据传输之前最小副载波的持续期）时间内，PICC 产生相位为 θ_0 的副载波（在此期间相位不变），TR0>$80T_s$。副载波的初始相位定义为逻辑 1，所以第一次相位转变（相位为 $\theta_0+180°$）表示从逻辑 1 转变到逻辑 0。副载波相位变化和数位表示如图 10-7 所示。

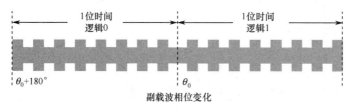

图 10-7　副载波相位变化和数位表示

3. ISO/IEC 14443-3 防初始化和防碰撞

ISO/IEC 14443-3 标准中提供了 A 型和 B 型两种不同的防碰撞协议。Type-A 采用位检测防碰撞协议；Type-B 通过一组命令来管理防碰撞过程，防碰撞方案是以时隙为基础的。

4．ISO/IEC 14443-4 传输协议

ISO/IEC14443 的这一部分规定了非接触的半双工的块传输协议，并定义了激活和停止协议的步骤。这部分传输协议同时适用于 A 型卡和 B 型卡，以 Type-A 为例，其 PICC 激活过程如图 10-8 所示。

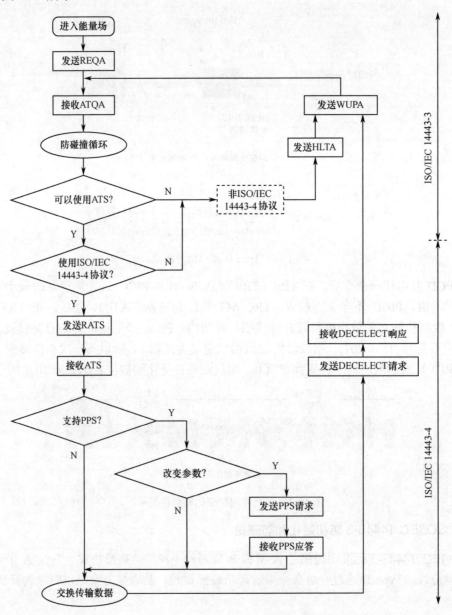

图 10-8　PCD 激活 Type-A 型 PICC 的过程

当系统完成了 ISO/IEC 14443-3 中定义的请求、防碰撞和选择操作,并由 PICC 发回 SAK 应答后,PCD 检查 SAK 字节,以核实 PICC 是否支持对 ATS(Answer to Select)的使用。若 SAK 说明不支持 ISO/IEC 14443-4 协议,则 PCD 应发送 HALT 命令使 PICC 进入 Halt 状态。若 SAK 说明支持 ISO/IEC 14443-4 协议,则 PCD 发送 RATS(请求 ATS)命令,PICC 接收到 RATS 后以 ATS 回应。若 PICC 在 ATS 中表明支持 PPS(Protocol and Parameter Selection)并且参数可变,则 PCD 发送 PPS 请求命令,PICC 以 PPS 响应作为应答,然后开始交换传输数据。

10.2.3 空中接口通信协议标准(ISO/IEC 18000)

在 ISO 标准体系中,ISO/IEC 18000 系列标准起到了核心作用,ISO/IEC 18000 系列标准定义了 RFID 标签和读写器之间的信号形式、编/解码规范、多标签碰撞协议,以及命令格式等内容,为所有 RFID 设备的空中接口通信提供了全面的指导。该标准具有广泛的通用性,覆盖了 RFID 应用的常用频段,如 125~134.2 kHz、13.56 MHz、433 MHz、860~960 MHz、2.45 GHz、5.8 GHz 等,据前面介绍可知,ISO/IEC 18000 标准系列包括 ISO/IEC 18000-1~7 共 7 个部分。

(1)ISO/IEC 18000-1:提供基本的信息定义和系统描述,定义了所有 ISO/IEC 18000 系列标准中空中接口定义所要用到的参数,同时还列出了所有相关的技术参数及各种通信模式,如工作跳频速率、占用频道带宽、最大发射功率、杂散发射、调制方式、调制指数、数据编码、比特速率、标签唯一标识符(UID)、读写处理时间、错误检测、存储容量和防碰撞类型等。同时,它还为标准的其他部分详细给出了该通信频率和模式下的具体参数值,为后续的各部分标准设定了一个框架与规则。

(2)ISO/IEC 18000-2:定义了 125~134.2 kHz 的空中接口通信协议参数,规定了时序参数、信号特性、标签与读写器之间通信的物理层架构、协议和指令,以及多标签读取时的防碰撞方法。此标准的标签分为两个类型 Type-A 和 Type-B,它们在物理层上存在不同,但是支持相同的协议和防碰撞机制。Type-A 标签工作在 125 kHz 的双工通信模式下,它使用同一信道进行读写器和标签之间的双向传输;Type-B 标签工作在半双工模式下,其工作频率为 134.2 kHz,它使用两个不同的单向信道进行读写器到标签的和标签到读写器的单向数据传输,这些协议保证读写器能与 Type-A 和 Type-B 电子标签进行通信的能力,并使得兼容的读写器和标签之间也能够实现通信。

(3)ISO/IEC 18000-3:定义了 13.56 MHz 的空中接口通信协议参数,它定义了物理层、防碰撞管理系统和符合 ISO/IEC 18000-1 要求的物体识别协议值,规定了时序参数、信号特性、标签与读写器之间通信的物理层架构、协议和指令,以及多标签读取时的防碰撞方法,这些协议保证兼容的读写器和标签之间能够实现通信。

（4）ISO/IEC 18000-4：定义了 2.45 GHz 的空中接口通信协议参数，除了规定通信协议，它还定义了前向和反向链路的参数，包括工作频率、信道带宽、最大功率、数据编码、数据传输速率、跳频速度、跳频、扩频序列和码片传输速率，主要应用于货品管理领域。

（5）ISO/IEC 18000-5：定义了 5.8 GHz 的空中接口通信协议参数，规定了时序参数、信号特性、标签与读写器之间的通信的物理层架构、协议和指令，以及多标签读取时的防碰撞方法，这些协议保证兼容的读写器和标签之间能够实现通信，该标准的制定工作目前已经停止。

（6）ISO/IEC 18000-6：定义了 860～960 MHz 的空中接口通信协议参数，规定了时序参数、信号特性、标签与读写器之间通信的物理层架构、协议和指令，以及多标签读取时的防碰撞方法，这些协议保证兼容的读写器和标签之间能够实现通信。目前该协议中包括 Type-A、Type-B 和 Type-C 三种方案设计。从技术上说，这三个方案的差别主要体现在 RFID 标签的逻辑设计中，在读写器端可以比较容易地实现多协议兼容。对比而言，Type-A 使用脉冲间隔编码（Pulse Interval Encoding, PIE），读写器首先工作，采用 ALOHA 防碰撞算法，反向链路使用双相间隔码编码，数据传输速率为 40 kbit/s，频宽为 860～960 MHz，该方案支持的存储容量较大，但是防碰撞能力较弱，且数据结构较复杂，指令类型多；Type-B 的特点是在前向链路使用双向线路编码模式以及 Manchester 加密，读写器首先工作，采用二叉树防碰撞算法，频宽为 860～930 MHz，该方案支持的存储容量较小，但是防碰撞能力较强，数据结构和指令简单；Type-C 方案来源于 EPCglobal 的 UHF Class 1 Gen 2 RFID 标签规范，该方案的性能特性处于 Type-A 和 Type-B 二者之间，具有较好的普适性，因此目前所占的市场份额也最大。2004 年年底，EPCglobal 与 ISO 组织达成共识，共同推动建立了 UHF Class 1 Gen 2 RFID 标签规范，并将其纳入 ISO 18000-6 Type-C 的标准制定中； 2006 年 6 月 Type-C 正式发布，兼容了 EPC UHF Class 1 Gen 2 空中接口标准。自此，由 EPCglobal 提出的 UHF Class 1 Gen 2 空中接口通信协议标准被 ISO/IEC 18000-6 标准框架所采纳，并成为了一个完整的、世界通行的供应链 RFID 应用模式的事实标准。

（7）ISO/IEC 18000-7：定义了有源 433 MHz 的空中接口通信协议参数，用于单品应用管理方面，其典型读取距离超过 1 m。它规定了时序参数、信号特性、标签与读写器之间通信的物理层架构、协议和指令，以及多标签读取时的防碰撞方法、数据编码和工作周期等，可用于开发能获得 FCC 许可的读/写有源电子标签，这些协议保证兼容的读写器和标签之间能够实现通信。ISO/IEC 18000-7 可能成为远洋运输集装箱追踪管理的全球性"事实标准"。

ISO/IEC 18000 的主要空中接口技术指标如表 10-2 所示。

表 10-2　ISO/IEC 18000 的主要空中接口技术指标

技术指标 工作模式		RF 工作场频率	调制方式	数据编码	数据传输速率 （kbit/s）	UID 长度 （bit）	差错 检测	标签识 读数目
ISO/IEC 1800-2	Type-A	125 kHz±4 kHz	ASK	PIE, Manchester	4，2	64	CRC-16	2^{64}
	Type-B	134.2 kHz±8 kHz	ASK, FSK	PIE, NRZ	8.2，7.7	64	CRC-16	2^{64}
ISO/IEC 1800-3	Moder 1	13.56 kHz±7 kHz	ASK, PPM	Manchester	1.65, 26.48, 6.62, 26.48	64	CRC-16	2^{64}
	Moder 2	13.56 kHz±7 kHz	PJM, BPSK	MFM	105.94	64	CRC-16 CRC-32	>3 200
ISO/IEC 1800-4	Moder 1	2 400～2 483.5 MHz	ASK	Manchester, FMO	30～40	64	CRC-16	≥250
	Moder 2	2 400～2 483.5 MHz	GMSK, CW, differential BPSK	shortened Fire, Manchester	76.8，384	32	用不同的 CRC 检测	由系统安装 配置确定
ISO/IEC 1800-6	Type-A	860～960 MHz	ASK	PIE, FMO	33	64	CRC-16	≥250
	Type-B	860～960 MHz	ASK	Manchester bi-phase, FMO	10，40	64	CRC-16	≥250
ISO/IEC 1800-7		433.92 MHz	FSK	Manchester	27.7	32	CRC-16	3 000

ISO/IEC 18000 系列标准中并没有规定相关频段读写器的具体工作频率、发射功率、频道占有带宽、信道数量、杂散发射、跳频速率等技术指标，这完全取决于各国的无线电管理政策。

10.3　EPC 的相关标准

作为全球具有较大影响力的行业性 RFID 标准化组织，EPCglobal 近年来做出了大量工作，为推动 RFID 技术体系的进步起到了重要的作用。

10.3.1　EPCglobal 的 RFID 标准体系

EPCglobal 的 RFID 标准体系框架包含硬件、软件和数据的标准，以及由 EPCglobal 运营的网络共享服务标准等多个方面的内容。其目的是从宏观层面列举 EPCglobal 硬件、软件、数据标准，以及它们之间的联系，定义网络共享服务的顶层架构，并指导最终用户和设备生产商实施 EPC 网络服务。

EPCglobal 标准框架如图 10-9 所示，包括数据识别、数据获取和数据交换三个层次。

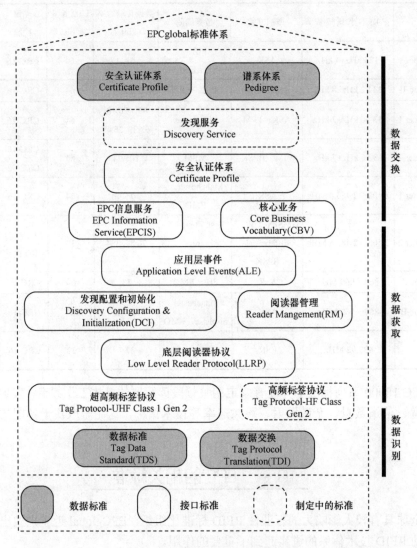

图 10-9　EPCglobal 标准框架

数据识别层的标准包括 RFID 标签数据标准和协议标准，主要关注不同编码系统标准如何在 EPC 标签上实现应用，目的是确保供应链上的不同企业间数据格式和说明的统一性。

数据获取层的标准包括读写器协议标准、读写器管理标准、读写器组网和初始化标准，以及中间件标准等，定义了收集和记录 EPC 数据的主要基础设施组件，并允许最终用户使用具有互操作性的设备建立 RFID 应用。其中读写器协议主要关注中间件和读写器之间的通

信，而读写器管理主要涉及多个读写器如何实现协同工作。

数据交换层的标准包括 EPC 信息服务（EPC Information Services，EPCIS）标准、核心业务词汇标准（Core Business Vocabulary，CBV）、对象名解析服务标准（Object Name Service，ONS）、发现服务标准（Discovery Services）、安全认证标准（Certificate Profile）以及谱系标准（Pedigree）等，提高了广域环境下物流信息的可视性，目的是为最终用户提供可以共享的 EPC 数据，并实现 EPC 网络服务的接入。

EPCglobal 制定的 RFID 标准，包括数据的采集、信息的发布、信息资源的组织管理、信息服务的发现等方面，除此之外部分实体单元实际上也可能组成分布式网络，如读写器、中间件等，以及实现读写器和中间件的协调的管理接口。EPCglobal 主要标准如下。

（1）EPC 标签数据规范。此规范规定了 EPC 编码结构，包括所有编码方式的转换机制等。

（2）空中接口协议。空中接口协议规范了电子标签与读写器之间命令和数据的交互，它与 ISO/IEC 18000-3、18000-6 标准对应，其中 UHF G1G2 已经成为 ISO/IEC 18000-6C 标准。

（3）读写器数据协议。读写器数据协议提供读写器与主机（主机是指中间件或者应用程序）之间的数据与命令交互接口，与 ISO/IEC 15961、ISO/IEC 15962 类似。它的目标是主机能够独立于读写器、读写器与标签之间的接口协议，也即适用于智能程度不同的 RFID 读写器、条形码读写器，适用于多种 RFID 空中接口协议和条形码接口协议。

该协议定义了一个通用功能集合，但并不要求所有的读写器实现这些功能，它分为三层功能。

① 读写器层规定了读写器与主计算机交换的消息格式和内容，它是读写器协议的核心，并定义了读写器所执行的功能。

② 消息层规定了消息如何组帧、转换，以及在专用的传输层传输，规定安全服务（比如身份鉴别、授权、消息加密，以及完整性检验），同时规定了网络连接的建立、初始化建立同步的消息、初始化安全服务等。

③ 传输层对应于网络设备的传输层，读写器数据协议位于数据平面。

（4）低层读写器协议。低层读写器协议为用户控制和协调读写器的空中接口协议参数提供了通用接口规范。它与空中接口协议密切相关，可以配置和监视 ISO/IEC 18000-6 Type-C 中防碰撞算法的时隙帧数、发射功率、接收灵敏度、调制速率等；可以控制和监视选择命令、识读过程、会话过程等；在密集读写器环境下，通过调整发射功率、发射频率和调制速率等参数，可以大大消除读写器之间的干扰。低层读写器协议是读写器协议的补充，负责读写器性能的管理和控制，使得读写器协议专注于数据交换。低层读写器协议位于控制平面。

（5）读写器管理协议。读写器管理协议位于读写器与读写器管理之间的交互接口，它规范了访问读写器配置的方式，如天线数等；规范了监控读写器运行状态的方式，如读到的标签数、天线的连接状态等；还规范了RFID设备的简单网络管理协议和管理系统库。读写器管理协议位于管理平面。

（6）应用层事件标准。应用层事件标准提供一个或多个应用程序向一台或多台读写器发出对EPC数据请求的方式等。通过该接口，用户可以获取过滤后、整理过的EPC数据。应用层事件标准基于面向服务的架构，它可以对服务接口进行抽象处理，就像SQL对关系数据库的内部机制进行抽象处理一样。应用可以通过应用层事件查询引擎，而不必关心网络协议或者设备的具体情况。

（7）EPCIS捕获接口协议。EPCIS捕获接口协议提供一种传输EPCIS事件的方式，包括EPCIS仓库、网络EPCIS访问程序及伙伴EPCIS访问程序。

（8）EPCIS询问接口协议。EPCIS询问接口协议提供EPCIS访问程序从EPCIS仓库或EPCIS捕获的应用中得到EPCIS数据的方法等。

（9）EPCIS发现接口协议。EPCIS发现接口协议提供锁定所有可能含有某个EPC相关信息的EPCIS服务的方法。

（10）TDT标签数据转换框架。TDT标签数据转换框架提供了一个可以在EPC编码之间转换的文件，它可以使终端用户的基础设施部件自动得知新的EPC格式。

（11）用户验证接口协议。用户验证接口协议用于验证一个EPCglobal用户的身份等，该标准目前正在制定中。

（12）物理标记语言PML。物理标记语言PML可以用来描述物品静态和动态信息，包括物品位置信息、环境信息、组成信息等。PML是基于为人们广为接受的可扩展标识语言（XML）发展而来的，其目标是为物理实体的远程监控和环境监控提供一种简单通用的描述语言，可广泛应用在存货跟踪、自动处理事务、供应链管理、机器控制和物对物通信等领域。

10.3.2 EPCglobal 与 ISO/IEC RFID 标准之间的关系

从ISO/IEC制定的RFID标准内容来说，RFID应用标准是建立在RFID编码、空中接口协议、读写器协议等基础标准之上的，针对不同使用对象，确定了使用条件、标签尺寸、标签粘贴位置、数据内容格式，以及使用频段等方面特定应用要求的具体规范，同时也包

括数据的完整性、人工识别等其他一些要求。RFID 在不同的行业领域内的应用标准是不同的，是由其下属不同的子委员会完成的。

EPCglobal 主要关注 UHF 860～930 MHz 频段，空中接口协议有它的局限范围，而 ISO/IEC 在各个频段都颁布了标准。EPCglobal 在 UHF 频段也制定了空中接口协议，低层读写器控制协议（LLRP）、读写器数据协议（RP）、读写器管理协议（RM）和应用层事件标准（ALE）。这些协议尽量与 ISO 标准体系保持兼容。例如，2006 年批准的 ISO/IEC 18000-6 Type-C 就是以 EPCglobal UHF 空中接口协议为基础的，ISO/IEC 24791 软件体系框架中设备接口也是以 LLRP 为基础的。

与 ISO/IEC 通用性 RFID 标准相比，EPCglobal 标准体系更倾向于面向物流供应链领域。EPCglobal 的目标是解决供应链的透明性和追踪性，为此 EPCglobal 制定了 EPC 编码标准，它可以实现对所有物品提供单件唯一标识。

EPCglobal 非常强调供应链各方之间的信息共享，为此制定了信息共享的物联网相关标准，包括 EPC 中间件规范、对象名解析服务（Object Naming Service，ONS）、物理标记语言（Physical Markup Language，PML），并从信息的发布、信息资源的组织管理、信息服务的发现，以及大量访问之间的协调等方面做出相关规定。"物联网"的信息量和信息访问规模大大超过了普通的 Internet。

目前 EPCglobal RFID 标准还在不断完善的过程中。EPCglobal 以联盟形式参与了 ISO/IEC RFID 标准的制定工作，比任何一个单独国家或者企业都具有更大的影响力。ISO/IEC 比较完善的 RFID 技术标准是前端数据采集类，标签数据采集后如何共享和读写器设备管理等标准制定工作才刚刚开始，而 EPCglobal 已经制定了 EPCIS、ALE、LLRP 等多个标准。物联网标准是 EPCglobal 所特有的，ISO 仅仅考虑自动身份识别与数据采集的相关标准，数据采集以后如何处理、共享并没有做规定。物联网是未来的一个目标，对当前应用系统建设来说具有重要的指导意义。

10.4　本章小结

标准是 RFID 技术广泛应用的重要环节，通过制定、发布和实施标准，解决编码通信、空中接口和数据共享等问题，以最大程度地促进 RFID 技术及相关系统的应用。

RFID 标准的主要内容包括技术方面、数据内容方面、性能方面和应用方面，目前主要的是 RFID 标准有 ISO/IEC 标准和 EPCglobal 标准等。在 ISO/IEC 标准体系中，本章主要介绍了 ISO/IEC 18000 和 ISO/IEC 14443 标准。ISO/IEC 18000 系列标准定义了 RFID 标签和读写器之间的信号形式、编/解码规范、多标签碰撞协议，以及命令格式等内容，为所有 RFID

设备的空中接口通信提供了全面的指导。最后,介绍了 EPCglobal 的标准体系,以及与 ISO/IEC 标准的关系。

思考与练习

(1) ISO/IEC 制定的 RFID 标准体系包括哪几个方面?各方面列举一个具体标准。

(2) 造成 RFID 标准多元化的技术因素有哪些?

(3) ISO/IEC 18000 系列有哪些标准?

(4) 简要阐述 ISO/IEC 14443-4 传输协议规定的标签激活过程。

(5) EPC 标准与 ISO/IEC 标准之间有什么关系?

(6) EPCglobal 标准框架分为哪三个层次?试阐述其内容。

第 11 章

物联网的典型架构——EPC 系统

EPCglobal 旨在搭建一个可以自动识别任何地方、任何事物的开放性全球网络，即 EPC 系统，可以形象地称为物联网。EPC 系统对每一件物品都进行编码，这种编码方案仅仅涉及对物品的标识，而不涉及物品的任何特性，物品的 EPC 代码在物联网中所起到的作用只相当于一个索引。而射频识别技术可以非接触地实现自动识别，在此基础上，通过互联网进一步实现物品标识和自动追踪的全局管理，即可构建完整的 EPC 系统。

11.1　RFID 系统应用类型

按照应用的开放程度，RFID 系统可以分为开放式 RFID 系统和非开放式 RFID 系统，也称为开环系统和闭环系统，如表 11-1 所示。

表 11-1　开放式 RFID 和非开放式 RFID

类　型	定　义	应用领域	应用举例
开放式 RFID 系统	在全球范围内的不同局域网系统统一定义标识对象、编码格式、数据结构和代码赋值，RFID 代码具有全球范围内的唯一性，RFID 数据可以在全球范围内的局域网系统间实现数据交换和信息共享	仓储管理、物流管理、分销配送、售后服务、集装箱运输、食品追溯、动物识别	沃尔玛及其供应商的 RFID 应用群、RFID 集装箱管理系统、RFID 畜牧业追溯管理系统、RFID 渔业养殖追溯管理系统、RFID 品牌一体化管理系统
非开放式 RFID 系统	仅在同一局域网内部定义标识对象、编码格式、数据结构和代码赋值，RFID 代码具有该局域网内的唯一性，RFID 数据可以在同一局域网内的子系统间实现数据交换和信息共享	生产管理、仓储管理、过程控制、身份管理、医疗管理、图书管理、票证管理、门禁管理	RFID 人员考勤管理系统、RFID 母婴识别管理系统、RFID 图书管理系统、RFID 监狱管理系统、RFID 机场固定资产管理系统

11.1.1 开放式 RFID 系统

开放式 RFID 系统是指在全球范围内不同局域网系统间实现数据交换和信息共享的射频识别应用系统，因此需要在全球范围内统一定义标识对象、编码格式、数据结构和代码赋值，RFID 代码具有全球唯一性。

开放式 RFID 系统主要应用于具有供应数据接口的生产管理、制造过程控制、库存管理、物流管理、分销配送、售后服务、集装箱运输、视频追溯、动物识别、单品管理，以及全球资产管理等在两个或两个以上的局域网系统中进行数据交换的应用系统的数据采集。

- 开放式 RFID 系统的应用应该注意以下几个层面的协调。
- 开放式 RFID 系统应用协议；
- 统一编码规则；
- 统一 RFID 标签和读写器设备选型要求。

11.1.2 非开放式 RFID 系统

非开放式 RFID 系统仅仅在同一局域网内统一定义标识对象、编码格式、数据结构和代码赋值，RFID 代码具有该局域网唯一性，RFID 数据可以在同一局域网内的子系统间实现数据交换和信息共享。非开放式 RFID 系统主要应用于局部的生产管理、仓储管理，以及非供应链管理领域的身份管理、医疗管理、图书管理、海关管理、票证管理、门禁管理、资产管理等只在一个局域网系统中进行数据交换的数据采集系统。

非开放式 RFID 系统的应用应该注意以下几个层面的协调。

- 签发实施 RFID 系统的管理办法；
- 编制非开放式电子标签编码规则的企业标准；
- 局域网内统一 RFID 标签选型要求。

11.1.3 基于 EPC 的开放式 RFID 系统

从概念上来说，EPC 相当于物联网的内核，EPC 代码是以 RFID 标签作为载体，通过物联网进行电子数据交换的。每个物品都有唯一的 EPC 代码，这样可通过物联网查到其档案的情况，一系列的应用问题都会得到解决。

基于 EPC 的物联网（RFID）应用系统工作过程如图 11-1 所示，其中包含 EPC 标签的物体，通过读写器采集 EPC 标签里面的信息，读写器和计算机网络连接起来，再通过中间件输送到物联网中，保存至 EPCIS 服务器中，通过中间件可以实现我们对一件物品的其他信息的查询。

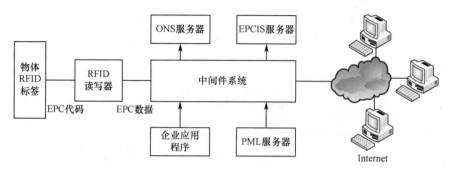

图 11-1　EPC 和物联网

11.2　EPC 系统的组成

11.2.1　EPC 系统与物联网

　　EPC 系统是物联网的核心。物联网在计算机互联网的基础上，利用射频识别技术，构造一个覆盖世界上万事万物的实物互联网（Internet of Things），如图 11-2 所示，这是一项具有革命性意义的新技术。

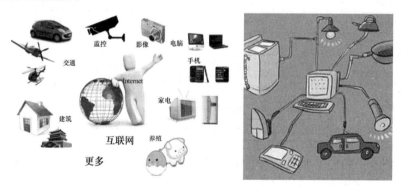

图 11-2　实物互联网

　　在由 EPC 标签、读写器、Savant 服务器、Internet、ONS 服务器、PML 服务器，以及众多数据库组成的实物互联网中，读写器读取的 EPC 只是一个信息参考，通过这个信息参考从 Internet 找到 IP 地址并获取该地址中存放的相关的物品信息，采用分布式 Savant 软件系统处理和管理由读写器读取的一连串 EPC 信息。EPC 系统的工作流程如图 11-3 所示。

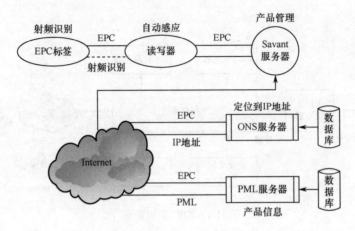

图 11-3　EPC 系统工作流程

11.2.2　EPC 系统构成

EPC 系统由全球产品电子代码体系、射频识别系统及信息网络系统三部分构成，如表 11-2 所示。

表 11-2　EPC 系统构成

系 统 构 成	名　　　称	注　　释
全球产品电子代码编码体系	EPC 编码标准	识别目标的特定代码
射频识别系统	RFID 电子标签	电子标签贴在物品之上，与之一一对应
	RFID 读写器	
信息网络系统	Savant（中间件）	为 EPC 系统提供信息支撑
	对象名称解析服务（Object Naming Service，ONS）	
	EPC 信息服务（EPC Information Service）	

图 11-4 描述了 EPC 各组成部分之间的关系。射频识别系统是实现 EPC 代码自动采集的功能模块，主要由射频标签和射频读写器组成，射频标签是产品电子代码（EPC）的物理载体，附着于可跟踪的物品之上，可以全球流通并对其进行识别和读写。射频读写器与信息系统相连，读取电子标签中的 EPC 代码并将其输入网络信息系统。

信息网络系统由本地网络和全球互联网组成，是实现信息管理和流通的功能模块。EPC 系统的信息网络系统是在全球互联网的基础上，通过 EPC 中间件、对象名称解析服务（ONS）和 EPC 信息服务（EPCIS）来实现全球"实物互联"的。

在 EPC 系统结构中，信息网络系统包含了以下三个组件。

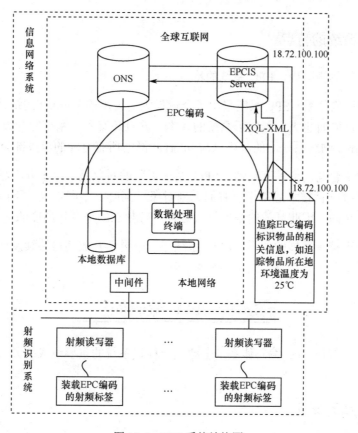

图 11-4　EPC 系统结构图

（1）EPC 中间件是具有一系列特定属性的"程序模块"或"服务"，并被用户集成以满足其特定需求，EPC 中间件被称为 Savant。EPC 中间件用来加工和处理来自读写器的所有信息和事件流的软件，是连接读写器和企业应用程序的纽带，主要任务是将数据送往企业应用程序之前进行标签数据校对、读写器协调等操作。

（2）对象名称解析（ONS）服务是一个自动网络服务系统，类似于域名解析服务，ONS 给 EPC 中间件指明了存储产品相关信息的服务器。ONS 服务是联系 EPC 中间件和 EPC 信息服务的网络枢纽，且 ONS 涉及的架构也是以因特网域名解析服务为基础的，因此可以使整个 EPC 网络以因特网为依托，迅速建立架构并顺利延伸到世界各地。

（3）EPCIS 信息服务提供了一个模块化、可扩展的数据服务接口，使得 EPC 的相关数据可以在企业内部或者企业之间共享，它处理与 EPC 相关的各种信息。EPCIS 有两种运行模式：一种是 EPC 信息直接应用于已经激活的 EPCIS 应用程序；另一种是将 EPCIS 信息存储在资料档案库中，以备今后查询时进行检索。

11.2.3　EPC 系统的特点

作为物联网的典型架构，EPC 系统的特点如下。

（1）开放的结构体系。EPC 系统采用了全球最大的公用的 Internet 网络系统，这就避免了系统的复杂性，同时也大大降低了系统的成本，并且还有利于系统的升级。EPC 系统网络是建立在 Internet 网络系统上的，可以与 Internet 网络所有可能的组成部分协同工作。

（2）独立的平台与高度的互动性。EPC 系统识别的对象是一个十分广泛的实体对象，因此，不可能有哪一种技术适用于所有的识别对象。同时，不同地区、不同国家的射频识别技术标准也不相同，因此开放的结构体系必须具有独立的平台和高度的交互操作性。

（3）灵活的可持续发展的体系。EPC 系统是一个灵活开放的可持续发展的体系，在不替换原有体系的情况下就可以做到系统平滑升级。

11.3　EPC 编码体系

全球产品电子代码 EPC 编码体系是全球统一标识系统的重要组成部分，属于 EPC 系统的核心和关键。

11.3.1　EPC 编码原则

1．唯一性

EPC 提供给实体对象全球唯一的标识，一个 EPC 代码只标识一个实体对象。为了确保实体对象的唯一标识的实现，EPCglobal 采取了以下措施：

（1）足够的编码容量。EPC 编码冗余度如表 11-3 所示。比特数可以从世界人口总数（大约 60 亿）到大米总粒数（粗略估计 1 亿亿粒）变化，因此，EPC 有足够大的地址空间来标识所有这些对象。

表 11-3　EPC 编码数量

比　特　数	唯一编码数	对　　象
23	6.0×10^6/年	汽车
29	5.6×10^8/年（使用中）	计算机
33	6.0×10^9/年	人口
34	2.0×10^{10}/年	剃刀刀片
54	1.3×10^{16}/年	大米粒数

（2）组织保证。为了保证 EPC 编码分配的唯一性并寻求解决编码冲突的方法，EPCglobal 通过全球各国编码组织来负责分配各国的 EPC 代码，并建立相应的管理制度。

（3）使用周期。对一般的实体对象，使用周期和实体对象的生命周期一致。对特殊的产品，EPC 代码的使用周期是永久的。

2. 可扩展性

EPC 编码保留备用空间，具有可扩展性。EPC 地址空间的是有可发展潜力的，具有足够的冗余度，确保了 EPC 系统日后的升级和可持续发展。

3. 保密性与安全性

EPC 的编码与安全和加密技术相结合，具有高度的保密性和安全性。保密性和安全性是配置高效网络的首要问题之一，安全的传输、存储和实现是 EPC 能否被广泛采用的基础。

11.3.2　EPC 编码的结构

产品电子编码是构成 EPCglobal 网络中所有标准和接口的基本元素，由一个标头字段加上另外三段数据（依次为 EPC 管理者、对象分类、序列号）组成的一组数字，其组成结构如表 11-4 所示，其中标头标识了 EPC 的类型，它使得 EPC 随后的码段具有不同的长度；管理者代码是描述与此 EPC 相关的生产厂商的信息，如可口可乐公司；对象分类代码记录产品精确类型的信息，如美国生产的 330 mL 罐装减肥可乐（可口可乐的一种新产品）；序列号是货品的唯一标识，它会精确的告诉我们所说的究竟是哪一罐 330 mL 罐装减肥可乐。这种电子产品编码在使用现有编码标准的同时保证了其通用性、唯一性、简单性和网络寻址的效率。

表 11-4　EPC 编码结构

标　　头	管理者代码	对象分类代码	序　列　号
N_1 位	N_2 位	N_3 位	N_4 位

1. EPC 的头字段（EPC Header）

头字段标识的是 EPC 的版本号。设计者采用版本号标识 EPC 的结构，其指出了 EPC 中编码的总位数和其他三部分中每部分的位数。EPC 已定义的七个版本如表 11-5 所示。

表 11-5　EPC 编码版本

版　　本	类　　型	标头字段	EPC 管理者	对象分类	序　列　号
EPC-64	Type 1	2	21	17	24
	Type 2	2	15	13	34
	Type 3	2	26	13	23

续表

版　　本	类　　型	标头字段	EPC管理者	对象分类	序　列　号
EPC-96	Type 1	8	28	24	36
EPC-256	Type 1	8	32	56	160
	Type 2	8	64	56	128
	Type 3	8	128		64

三个64位的EPC版本号只有两位，即01、10、11。为了和64位的EPC相区别，所有长度大于64位的EPC的版本号的最高两位须为00，这样就定义了所有96位的EPC版本号开始的位序列是001。同样，所有长度大于96位的EPC的版本号的前三位是000；同理，定义所有的256位EPC开始的位序列是00001。

2. EPC管理者（EPC Manager）

EPC体系架构的设计原则之一是分布式架构，具体是通过EPC管理者的概念来实现的。EPC管理者是指那些得到电子产品编码分配机构授权的组织，它们可以在授权的一个或多个编码段内自主地为各类实体指定编码，并负责保证该编码段内编码的唯一性，以及维护对象域名解析系统中的记录。

在电子产品编码分配机构向EPC管理者授权时，首先为EPC管理者分配一个唯一代码，即EPC管理者代码。在产品电子编码的定义中，EPC管理者代码作为独立的一部分，这样就可以通过产品电子编码直接识别出EPC管理者的信息，以保证系统的可扩展性。举例来说，一个ONS查询可以从概念上理解为在一个大表中查询某个电子产品编码所映射到的EPCIS服务地址。但假如有EPC管理者代码，就可以由EPC管理者负责维护ONS服务器中所分配编码段的小表，这样就可以提高ONS查询的执行效率。

不同版本的EPC管理者编码具有长度的可变性，这就使得更短的EPC管理者编号变得更为宝贵。EPC-64II型有最短的EPC管理者部分，它只有15位，因此，只有EPC管理者编号小于2^{15}（32768）的才可以由该EPC版本表示。

3. 对象分类（Object Class）

对象分类部分用于一个产品电子码的分类编号，标识厂家的产品种类。对于拥有特殊对象分类编号者来说，对象分类编号的分配没有限制。但是Auto-ID中心建议第0号对象分类编号不要作为产品电子码的一部分来使用。

4. 序列号（Serial Number）

序列号部分用于产品电子码的序列号编码。此编码只是简单地填补序列号值的二进制。一个对象分类编号的拥有者对其序列号的分配没有限制；但是Auto-ID中心建议第0号序列号不要作为产品电子码的一部分来使用。

11.3.3 EPC 编码的类型

目前，EPC 代码有 64 位、96 位和 256 位三种。为了保证所有物品都有一个 EPC 代码并使其载体（即电子标签）的成本尽可能降低，建议采用 96 位，这样 EPC 代码的数目可以为 2.68 亿个公司提供唯一标识，每个生产厂商可以有 1600 万个对象种类并且每个对象种类可以有 680 亿个序列号，这对未来世界所有产品已经非常够用了。至今已经推出 EPC-96 I型，EPC-64 I型、II型、III型，EPC-256 I型、II型、III型等编码方案。

1. EPC-64 I 型

EPC-64 I 型编码提供 2 位的头字段编码、21 位的管理者号、17 位的对象分类和 24 位序列号，如图 11-5 所示。

EPC-64 I 型

XXXXXXXXX 头字段 2位	XXXXXXXXXXX EPC管理者 21位	XXXXXXXXXXXX 对象分类 17位	XXXXXXXXXXX 序列号 24位

图 11-5　EPC-64 I 型编码

2. EPC-64 II 型

除了 EPC-64 I 型，还有其他方案来适应更大范围的公司、产品及序列号。Auto-ID 中心提议的 EPC-64 II 型，如图 11-6 所示，适合众多产品以及价格反应敏感的消费品生产者。

EPC-64 II 型

XXXXXXXXX 头字段 2位	XXXXXXXXXXX EPC管理者 15位	XXXXXXXXXXXX 对象分类 13位	XXXXXXXXXXX 序列号 34位

图 11-6　EPC-64 II 型编码

对于那些产品数量超过 2 万亿的企业，可以采用 34 位序列号，最多可标志 17179869184 件不同产品。如果与 13 位对象分类区相结合（允许多达 8192 库存单元）的话，每一个工厂可以为 40737488355328 或者超过 140 万亿不同的单品编号，这远远超过了世界上最大的消费品生产商的生产能力。

3. EPC-64 III 型

除了一些大公司和正在应用 EAN·UCC 编码标准的公司外，为了推动 EPC 应用过程，将 EPC 扩展到更广泛的组织和行业，Auto-ID 中心希望采取扩展分区模式以适用于小公司、服务行业和组织等。因此，除了扩展单品编码的数量，就像 EPC-64 II 型一样，也会增加公司的数量。

把管理者分区增加到 26 位，如图 11-7 所示，即可为多达 67108864 个公司提供 64 位 EPC 编码。67 亿个号码已经超出世界公司的总数，因此已经足够使用。

EPC-64 Ⅲ型

XXXXXXXX 头字段 2位	XXXXXXXXXXX EPC管理者 26位	XXXXXXXXXXXXX 对象分类 13位	XXXXXXXXXXXX 序列号 23位

图 11-7　EPC-64Ⅲ型编码

采用 13 位对象分类分区，这样可以为 8192 种不同种类的物品提供编码空间。序列号分区采用 23 位编码，可以为超过 800 万（$2^{23}=8388608$）的商品提供空间。因此对于这 6700 万个公司，每个公司允许超过 680 亿（$2^{36}=68719476736$）的不同产品编码采用此方案。

4．EPC-96 Ⅰ型

EPC-96 Ⅰ型的设计目的是成为一个公开的物品标识代码，其应用类似于目前的统一产品代码（UPC），或 UCC·EAN 的运输集装箱代码。

如图 11-8 所示，域名管理负责在其范围内维护对象分类代码和序列号。域名管理的区域占据 28 个数据位，允许大约 2.68 亿家制造商。这超出了 UPC-12 的 10 万个和 EAN-13 的 100 万个的制造商容量。对象分类字段在 EPC-96 代码中占 24 位，这个字段能容纳当前所有的 UPC 库存单元的编码。

EPC-96 Ⅰ型

01 版本号 8位	0000A89 EPC域名管理 28位	00016F 对象分类 24位	000169DC0 序列号 36位

图 11-8　EPC-96 Ⅰ型编码

序列号字段则代表单一货品识别的编码。EPC-96 序列号对所有的同类对象提供 36 位的唯一辨识号，其容量为 2^{28}（68719476736）。与产品代码相结合，该字段将为每个制造商提供 1.1×10^{28} 个唯一的项目编号，超出了当前所有已标识产品的总容量。

EPC-96 和 EPC-64 是针对物理实体标识符的短期使用而设计的。但 EPC-64 和 EPC-96 版本的 EPC 代码作为一种世界通用的标识方案已经不足以长期使用。更长的 EPC-256 就在这种情况下应运而生。

5．EPC-256 型

256 位 EPC 是为满足未来 EPC 代码的应用需求而设计的，由于未来应用的具体要求目前还无法准确知道，所以 256 位 EPC 版本必须具备扩展性，以便不限制其未来的实际应用。EPC 的多个版本就提供了这种可扩展性。EPC-256 I 型、II 型和 III 型的位分配情况如图 11-9 所示。

EPC-256 I 型

XXXXXXXXX 版本号 8位	XXXXXXXXXXX EPC域名管理 32位	XXXXXXXXXXXX 对象分类 56位	XXXXXXXXXXX 序列号 160位

EPC-256 II 型

XXXXXXXXX 版本号 8位	XXXXXXXXXXX EPC域名管理 64位	XXXXXXXXXXXX 对象分类 56位	XXXXXXXXXXX 序列号 128位

EPC-256 III 型

XXXXXXXXX 版本号 8位	XXXXXXXXXXX EPC域名管理 128位	XXXXXXXXXXXX 对象分类 56位	XXXXXXXXXXX 序列号 64位

图 11-9　EPC-256 编码

11.14　EPC 信息网络系统

EPC 系统网络技术是 EPC 系统的重要组成部分，主要为 EPC 系统提供信息支撑，实现信息管理和信息流通。EPC 系统的信息网络系统是在全球互联网的基础上，通过 Savant 管理软件系统、ONS 对象名称解析服务系统，以及实体标记语言（PML）实现全球的实物互联。

11.4.1　Savant 中间件

人们将应用软件所要面临的共性问题进行提炼、抽象，在操作系统之上再形成一个可复用的部分，供成千上万的应用软件重复使用。这一技术思想最终构成了 Savant 中间件的应用。

每件产品附上 RFID 标签之后，在产品的生产、运输和销售过程中，读写器（阅读器）将不断收到一连串的产品电子编码。Savant 是连接标签读写器和企业应用程序的纽带，图 11-10 描述了 Savant 的组件与其他应用程序的通信。

Savant 系统完成的任务是数据校对、读写器协调、数据传输、数据存储和任务管理等。

（1）数据校对。处在网络边缘的 Savant 中间件系统直接与阅读器进行信息交流时，它们会进行数据校对。但并非每个标签每次都会被读到，有时一个标签的信息可能被误读，Savant 系统能够利用某些算法来校正这些错误。

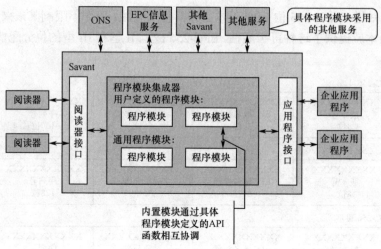

图 11-10　Savant 与其他组件通信

（2）读写器协调。如果从两个有重叠区域的读写器读取信号，它们可能会读取同一个标签的信息，产生多余的相同的产品电子码。Savant 中间件的任务之一就是分析已读取的信息并且删掉这些冗余的产品编码。

（3）数据传输。在每一层次上，Savant 中间件系统必须要确定什么信息需要在供应链上向上传输或向下传输。例如，冷藏工厂的 Savant 中间件系统可能只需要传输储存商品的温度信息就行。

（4）数据存储。现有的数据库不具备在 1 s 内处理超过几百条事务的能力，因此 Savant 中间件系统的另一个任务就是维护实时存储事件的数据库，即系统能够实时取得产生的产品电子码并且智能地将数据存储，以便其他应用程序有权访问这些信息，并保证数据库不会超负荷运转。

（5）任务管理。无论 Savant 中间件系统在层次结构中所处的等级是什么，所有的 Savant 中间件系统都有一套独具特色的任务管理系统（TMS），使得中间件系统可以实现用户自定义的任务进行数据管理和数据监控。例如，一个商店中的 Savant 中间件系统可以通过编写程序实现一些报警功能，当货架上的产品降低到一定水平时，会给储藏室管理员自动发出警报。

11.4.2　对象名称解析服务

EPC 系统是一个开放式的、全球性的物品追踪网络，将产品电子码存储在标签中，还需要提供一些将产品电子码对应到相应商品信息的角色，这个角色就由对象名称解析服务（Object Name Service，ONS）担当，ONS 服务是一种全球性的查询服务。

ONS 服务器为用户发起 EPC 检索请求并提供 EPCIS 服务器的地址。从概念上说，ONS 服务的输入就是一个电子产品编码的查询请求，输出则是所要查找的 EPCIS 服务器的 URL 地址，如图 11-11 所示。在实际运行时，基于扩展性和管理难度的考虑，ONS 服务被设计为与域名解析系统（Domain Name System，DNS）类似的分级架构，由 ONS 根服务器和本地 ONS 服务器两部分组成。

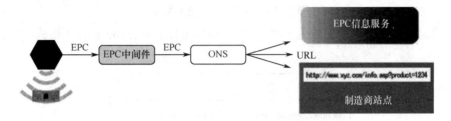

图 11-11　对象名称解析服务

当用户希望在 EPCglobal 网络中的某个位置定位一个 EPCIS 服务时，其请求首先发送到 ONS 根服务器上；ONS 根服务器在根数据表中对该电子产品编码中的 EPC 管理者代码进行解析和识别，并提取该 EPC 管理者所在的本地 ONS 服务器地址，再将请求转发至该本地 ONS 服务器；本地 ONS 服务器接收到请求后，进一步在本地数据表中解析 EPCIS 服务器的地址，然后将请求转发至该 EPCIS 服务器；最后 EPCIS 服务器根据请求的内容提供搜索结果，并将结果返回至发起请求的位置。

图 11-12 描述了 EPC 网络分布情况。在一个局域网内，读写器在物理空间上分布在多个地方，用于识读不同环境的 EPC 标签，读写器再将读到的 EPC 编码信息通过局域网上传到本地服务器，由本地服务器所带的 Savant 软件对这些数据进行集中处理，然后由本地服务器通过查找本地 ONS 服务或通过路由器到达远程 ONS 服务器查找所需 EPC 编码对应的 PML 服务器地址，本地服务器就可以与找到的 PML 服务器建立通信了。

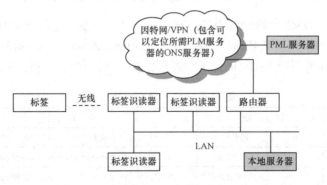

图 11-12　EPC 网络分布

下面举例说明 ONS 查询的详细步骤。

（1）从一件货品的 RFID 标签中读取一个比特值序列（二进制字符串），如图 11-13 所示。

```
01
000000000000000000000010
00000000000011000
0000000000000000011010000
```

图 11-13　标签中的二进制数据

（2）将二进制字符串转化成为 EPC URI（Uniform Resource Identifier）格式，如图 11-14 所示。

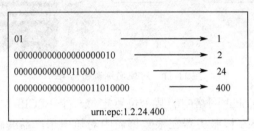

图 11-14　二进制转换成 URI 格式

（3）解算器（Resolver）将 URI 格式转化成域名形式，如图 11-15 所示。

转化为域名形式

urn:epc:1.2.24.400

24.2.1.onsroot.org

图 11-15　URI 格式转换成域名形式

（4）执行 ONS 查询，获得这个地址的名称权威指针（Naming Authority Pointer，NAPTR）记录，并返回与查询货品相关的 URI，如 http://gillette.com/autoid/sensor3.wsdl。

NAPTR 是一种 DNS 资源记录类型，它实际上是一个基于重写规则地正规表达式，用于完成一个特定字符串到新域名标识或者 URI（Uniform Resource Identifier）的解析翻译。表 11-6 显示了 ONS 返回的 NAPTR 记录的逻辑格式，下面将逐一介绍各个字段的意思。

表 11-6　NAPTR 记录格式

顺　序	前　缀	标　记	服　务	常规表达式	替换符
0	0	u	EPC+ws	!^.*$!http://example.com/autoid/widget100.wsdl!	.
0	0	u	EPC+epcis	!^.*$!http://example.com/autoid/cgi-bin/epcis.php!	.
0	0	u	EPC+html	!^.*$!http://www.example.com/products/thingies.asp!	.
0	0	u	EPC+xmlrpc	!^.*$!http://gateway1.xmlrpc.com/servlet/example.com!	.
0	1	u	EPC+xmlrpc	!^.*$!http://gateway2.xmlrpc.com/servlet/example.com!	.

（1）"顺序"字段用来确保各个具有相同"order"值的顺序行，其恰当的解释也被同等考虑，以起到均衡负载的效果。

（2）"前缀"字段用来指示优先顺序，优先处理低码值，将较低码值转换成顺序与服务值均相同的较高码值。

（3）"标记"字段包含参数"u"，来指示"常规表达式"字段包含 URI。

（4）"服务"字段用来指示每个 URI 所提供的服务类型，如特殊产品网页、XML 数据、EPCIS 服务等。

（5）"常规表达式"字段包含信息服务的 URI，"RegEx"字段写作"Posix Extended Regular Expresion"，用于样式搭配串。

（6）"常规表达式"字段的首字母（如表 11-6 中的"!"）是分隔符，它把常规表达式字段分为两部分。

① "常规表达式"字段第一部分是查询或者放置的样式标识符，在这个例子中是"^.*$"，意思是"通配符"。

② "常规表达式"字段第二部分是交换串，在这个例子中，正好是信息服务的 URI，例如一个网址或者一个网络服务 wsdl 文件的 URI。

（7）Auto-ID 没有使用"替换符"字段，因为它是一个特别的 DNS 字段，它的值设为一个圆点（.），而不是空白。

11.4.3 EPC 信息服务

EPC 信息服务（EPC Information Service，EPCIS）是最终用户与 EPCglobal 网络进行数据交换的主要桥梁，EPCIS 服务器上的数据是由供应链上下游的企业共享获得的，通过这种共享，企业可以了解商品在整个供应链环节中的信息，而不仅仅局限于本企业内部。

EPCIS 为定义、存储和管理 EPC 所标识的物理对象的所有数据提供了一个框架。EPCIS 位于整个 EPC 网络架构的最高层，也就是说它不仅是原始 EPC 观测资料的上层数据，而且是过滤和整理后的观测资料的上层数据。如图 11-16 所示，EPCIS 在整个 EPC 网络中的主要作用就是提供存储管理 EPC 捕获信息的接口。

在 EPCIS 中框架被分为三层，即信息模型层、服务层和绑定层，如图 11-17 所示。信息模型层指定了 EPCIS 中包含什么样的数据，这些数据的抽象结构是什么，以及这些数据代表着什么含义。服务层指定了 EPC 网络组件与 EPCIS 数据进行交互的实际接口。绑定层定义了信息的传输协议，如 SOAP 或 HTTP 等。

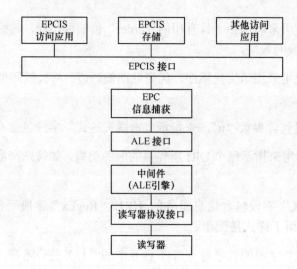

图 11-16   EPCIS 框架

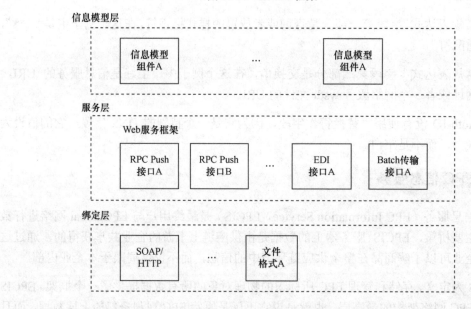

图 11-17   EPCIS 层次

EPCIS 框架的一个重要特征就是它的可扩展性。由于 EPC 技术被越来越多的行业所采纳，不断有新的数据种类出现，所以 EPCIS 必须具有很好的可扩展性才能充分发挥 EPC 技术的优势。同时，为了避免数据的重复与不匹配，EPCIS 规范还针对不同工业和不同数据类型提供了通用的规范。

11.5　本章小结

　　EPC 系统由 EPC 编码体系、RFID 识别系统和信息网络系统组成。其中，RFID 系统主要由标签和读写器组成，而信息网络系统主要由中间件、对象名称解析服务 ONS 和 EPCIS 信息服务组成。本章重点介绍了 EPC 编码的特性和原则，包括 EPC-64、EPC-96 和 EPC-256 三种版本七种类型的编码结构；然后对 EPC 信息网络系统中的中间件系统、ONS、PML 和 EPCIS 做了说明，并结合实例说明了 ONS 工作原理和查询步骤；最后介绍了 EPCIS 在系统中的功能。

思考与练习

　　（1）如何区分开放式 RFID 系统和非开放式 RFID 系统？并举例说明其适用的场合。

　　（2）简要阐述基于 EPC 的物联网（RFID）应用系统的工作过程。

　　（3）简述 EPC 系统的组成，并说明各个部分的作用。

　　（4）EPC 系统的特点有哪些？

　　（5）EPC 编码的原则是什么？

　　（6）简要说明 EPC 编码的结构并说明每个字段值的意义。

　　（7）EPC 编码有哪三个版本？每个版本下又有几个类型？

　　（8）简述 Savant 中间件的作用。

　　（9）说明对象名称解析服务 ONS 的查询过程。

第 12 章

RFID 的应用实例

RFID 技术已经有了较长的应用历史，RFID 标准也日趋完备。随着 RFID 技术在安全性方面的进展，以及成本的不断降低，其潜在的应用价值正逐步展现出来。本章选取了 RFID 技术在四个典型领域的应用进行介绍，包括了防伪领域、公共安全领域、医疗卫生领域和智能交通领域。

12.1　RFID 在防伪领域的应用

现有的防伪方法可分为光学、生物、化工、数码及微电子科技五类，它们的特点如表 12-1 所示。

表 12-1　多种防伪技术比较

类　别	代 表 技 术	主 要 优 点	主 要 缺 点
光学	全息技术	防伪成本第、易于实施	易被防伪者复制
生物科技	指纹辨识	无法防伪	成本很高、辨识过程需人工介入
化工科技	油墨防伪	实施方便、成本低廉、隐蔽性较好	技术门槛低
数码科技	数字序列号	数码和商品一一对应	查询率低
微电子科技	射频识别技术	全球唯一的标识、信息存储量大、环境适应性强、数据可修改、非接触长距离识别、可实现商品跟踪	初期建设的成本较高

相比于上述防伪方法，利用射频识别技术防伪，具有以下革新性的特点。

● 电子标签的核心是一枚具有高安全性的集成电路芯片，其安全设计和生产制造的技术门槛高，难以进行仿制。

● 电子标签具有唯一 ID 号码，ID 固化在芯片中，无法修改、无法仿造。

● 电子标签除密码保护外，数据部分可用加密算法实现安全管理；读写器与标签之间具有相互认证的过程，安全级别更高。

● 非接触的验证方式，允许同时读取多张电子门票。

12.1.1　RFID 在票券防伪中的应用

采用 RFID 技术对门票进行防伪，使得验票时不再需要人工识别，人员可以快速通过。从而帮助各种票务机构、大型场馆和展馆等实现方便快捷的售票、检票工作，并能对持票人进行实时精准的定位跟踪。

票务防伪管理系统由中央数据库管理子系统（数据中心）、制票售票系统、验票查票系统等模块组成，除需配备常规的计算机网络系统设备外，还需配备门票发行设备、门票检票设备和 RFID 电子门票。票务防伪管理系统的组成和工作流程如图 12-1 所示。

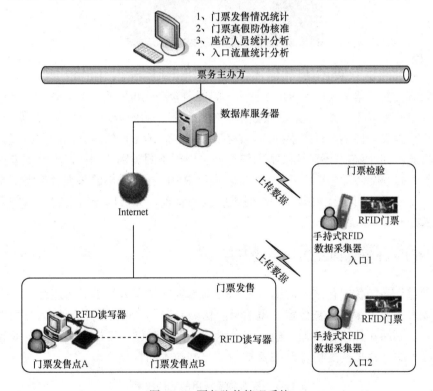

图 12-1　票务防伪管理系统

数据中心：由数据库服务器和管理终端组成，是系统的数据中心，对票务管理信息、售票和检票信息进行集中存储和处理。

制票/售票系统：由售票管理终端、标签发行和打印终端组成，完成电子标签门票的统一制作、售出，以及真伪的鉴别等功能。

检票/查票系统：检票员在观众入场时可通过手持机鉴别门票的真伪、合法的观众名单，以及入场和门票鉴别信息，并通过上位机与管理中心进行数据的上传和下载。

票务防伪管理系统软件部分由发行端软件和含有 RFID 电子标签的入场券组成，如图 12-2 所示，由于标签只读的特性，可避免信息被复制到同样的电子标签芯片上，真正实现每张入场券被赋予一个唯一的识别码，起到有效的防伪作用。

图 12-2　嵌入入场券中的电子标签

上海世博会的门票就采用了 RFID 技术。门票内含一颗拥有自主知识产权的"世博芯"，它采用了特定的密码算法技术，来确保数据在传输过程中的安全。RFID 电子门票无须接触、无须对准即可验票，持票人只需手持门票在离读写设备 10 cm 的距离范围内出现，即可轻松入场。此外，"世博芯"还可记录不同信息并可用于不同类别的门票，为参观者提供多种类型的服务，如"夜票"、"多次出入票"等。通过 RFID 标签采集的参观者信息汇聚到票务系统的数字中心后，可进行数据分析，便于园区的管理，如可以分析出园区内的人员分布密度，并进行科学的人群分流引导。

12.1.2　RFID 在贵重商品防伪中的应用

对于贵重商品防伪，传统的防伪技术一般都重视产品包装的不可伪造性，但当制作工艺被大多数人掌握后很容易被仿冒。短消息防伪需要输入一串序列号，然后与数据库中资料进行比对，判断真假，在流通中验证产品量比较大的时候，工作效率很低，而且这些序列号也是可见的，容易被复制。表 12-2 比较了这些技术的特点。

表 12-2　贵重物品常用的防伪技术

	传 统 防 伪	短 信 防 伪	RFID 防伪
应用成本	标志成本高低不一，无运营成本	手机短信资费较低，查询和运营费用由消费者和企业分摊	有一定的成本，需厂商和企业承担
采用技术	利用激光、荧光、磁性及温变等技术，制造防伪标志后绑定商品，所有标志完全一样	采用具有唯一性的加密编码绑定商品，所有标签的编码均不相同，无规律	采用防伪电子标签技术，利用专用设备识别，造假者仿制、复制的成本和难度极高

续表

	传 统 防 伪	短 信 防 伪	RFID 防 伪
鉴别方法	方法不一,多利用视觉或简单物品	发送防伪编码至防伪信息特服号,系统短信回复查询结果	利用专用设备识别
运营系统	无	需要系统接入 SP 专用网关,需额外的运营系统维护	需要在生产环节加入防伪标签卡技术,无须售后维护

下面以 RFID 技术在酒类商品中的防伪应用为例，介绍 RFID 在商品防伪中的应用。

RFID 技术应用于酒类及其他带有瓶盖的容器中，通过瓶体结构设计和后台认证系统实现商品的防伪。该系统由经过特殊设计的瓶盖和瓶体、RFID 读写器、通信网络和防伪数据库服务器组成。酒类防伪系统贯穿了酒类生产、销售流通、数据采集与信息处理等各个环节的全过程，整个环节缜密，可以有效实现防伪，扼制假酒流入市场。具体的系统方案如图 12-3 所示。

1. 包装盒上贴电子标签

RFID 电子标签作为防伪标识,需要附加到生产环节中。电子标签一般为纸质 EPC 标签,表面印刷有标识信息,背面带有永久性不干胶。

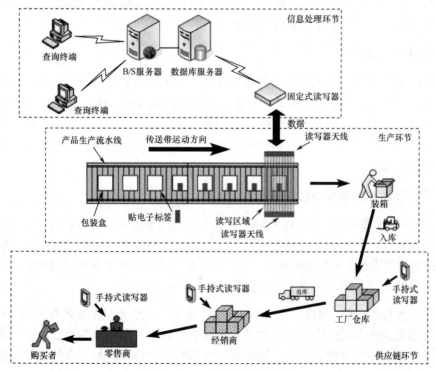

图 12-3　系统方案示意图

（1）标签贴在包装箱或包装盒上。可采用RFID纸质防伪电子标签或易碎标签，贴在包装箱的封口处（见图12-4），一旦打开包装则标签就被损毁，其电气线路断开且不能被恢复，杜绝造假者回收外包装来制假。

图12-4　标签贴于封口处

（2）将标签封在包装内部。制作外包装时也可将标签置于包装的内部，此标签利用RFID实现无线数据传输功能，通过识别企业写入标签内部的加密数据来辨别真伪。同时，一旦外包装遭到破坏则镶嵌在内部的标签同时也会失去功能，往往在外界不知情的情况下也能有效地实现防伪功能。

（3）标签注塑封装在瓶盖（非金属）内。在制作瓶盖时将标签注塑在瓶盖内部，当酒瓶被开启时，通过瓶盖上特殊设计的应力切口毁掉标签，致使RFID读写器无法读取该酒瓶盖顶部芯片的编码，从而防止酒瓶的重复利用。

2. 生产线上写标签

酒类在包装生产线上的末端放置有读写设备，电子标签通过读写区域时，读写器自动读取标签的ID号，并写入酒类的EPC代码，同时在用户数据区内写入如产品下线时间等其他信息；同时，读写器可以根据一定的算法为每一个标签设定不同的访问密码，防止有人企图修改标签内部的数据。另外，服务器记录有该标签所对应的每瓶酒的信息（如生产时间、酒类类型等）。

3. RFID技术在酒类商品防伪系统中的优势

RFID每个标签都有唯一的ID号码，无法进行修改和仿造；读写器具有不直接对最终用户开放的物理接口，保证其自身的安全性；电子标签的数据存储量比较大，可以建立基于RFID技术的物流及供应链管理系统，通过该系统自动统计产量和销量等信息，监测生产线或物流仓储的运行状况，实现信息化管理。其优势总结为：

（1）供应过程的追踪。RFID技术可以实时、准确、完整地记录及追踪产品运行情况，全面高效地加强从产品的生产、运输到销售等环节的管理，并提供各种易用完善的查询、统计，以及数据分析等功能。例如，通过在酒瓶标签上的每个产品特有的编码，随时掌握货品状态，以便仓储管理。

（2）有效的防伪功能。在商品交易成功之前，由于要保证商品的完整，因此不能当场打开包装以检查真伪，但可以通过 EPC 系统查询到电子标签，甚至还可清楚地了解到该商品的产地、年份、出厂日期等详细资料。

这种防伪方法利用了 RFID 技术，在硬件上使用大规模生产的集成电路芯片和标签天线等装置，专业厂商很容易批量化制造生产；RFID 芯片和读写器的编码使用唯一编码，同时这种双重认证机制也是由厂家来管理和控制的，为系统提高了可靠性；酒瓶开启后酒盖和酒瓶进行物理分离，因此对芯片和天线通路损坏都是不可逆转的，这种方式也可杜绝旧瓶装新酒的现象，进一步断绝伪造者成功的可能。如此，在以上三重防伪设计的保障下，理论上这种防伪方法的可靠性完全能够满足酒类生产企业的要求。

12.2　RFID 在公共安全领域的应用

RFID 在公共安全领域的应用，是通过先进技术手段来为公共安全提供支撑的，可以有效地提高公共管理水平。

12.2.1　基于 RFID 技术的智能门禁系统

门禁系统又称为出入口控制系统，是指对重要区域或通道的出入口进行管理与控制的系统。随着社会的发展，它已不局限于简单的对门锁或钥匙的管理，而是集自动识别技术和现代化管理技术于一体的新型现代化安全管理系统。门禁系统已成为安全防范系统中极为重要的一部分，广泛应用于智能大厦、办公室、宾馆等场合。

目前，门禁系统的控制手段主要包括指纹识别、人脸识别、虹膜识别和射频识别等。前三种方式都属于生物识别技术，是以人体某部分的特征为识别载体和手段，其唯一性和不可复制性决定了它们是安全的身份验证方法，但其价格昂贵，难以普及，且涉及个人隐私。

基于非接触式 RFID 技术的智能门禁管理系统，采用非接触式读写系统识别电子标签，用智能卡来控制门锁的开启，开创了门禁管理的新概念，给管理者提供了更安全、更快捷、更自动化的管理模式，同时也给使用者带来了极大的方便。

如图 12-5 所示，门禁系统由门禁卡、门禁读卡器和后台管理系统构成，通过各设备内的密码模块对系统提供密码安全保护。

门禁读写器与后台管理系统的通信可以采用 RS-485 传输协议（传输不设字节数量限制）。当门禁卡靠近读写器时，读写器对其进行识别，并将其序列号发送给后台管理系统，通过应用程序连接后台数据库即可获取与该卡号对应的用户信息。如果该卡已进行注册，则通过验证并通知控制器开门，同时记录卡号和开门时间，否则禁止通行。

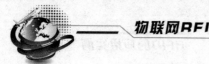

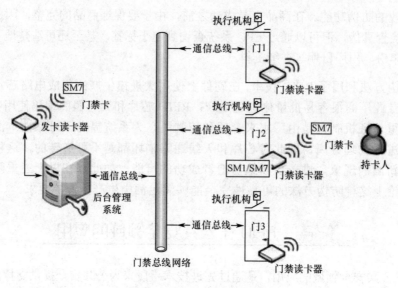

图 12-5　基于 RFID 的门禁系统部署

12.2.2　RFID 在矿井安全中的应用

在矿井中应用 RFID 技术，可以实现准确、实时、快速履行煤矿安全监测职能，保证抢险救灾、安全救护等工作的高效运作。

基于 RFID 技术的矿井安全管理系统能对井下流动工作人员进行定位、跟踪和考勤等，该系统由井下子系统和井上子系统两部分组成。井下子系统主要由安装在工作人员帽子或者衣服上的标签、放置在井下各点的读写器、分布在巷道各个监测点的分机组成。井上子系统主要由数据通信接口、主机（含监控管理软件）等组成，用来实时监测井下人员的动态信息。

矿井安全管理系统的组成和工作方式如图 12-6 所示。当井下工作人员在某个读写器的监测范围内时，该读写器就可监测到工作人员的各种信息并将数据传输到各个监测点的分站。分站再通过传输通道把数据传输到井上的监控主机上。通过这种方式可以实时地记录井下工作人员经过的地点、时间、活动轨迹等信息，实现对井下人员的实时监控。

其中，井下管理子系统的功能如图 12-7 所示，包括日常管理、紧急情况管理、安全物资管理、作业计划管理和出入管理。

（1）日常管理：将人员信息设置到卡片人员信息数据库，引入 RFID 技术使考勤、工时、查点实现自动化，确保其高效率和准确性。对井下人员进行定位跟踪是事故预防的基础，传统管理根本无法实现，而 RFID 技术则填补了该管理的空白。

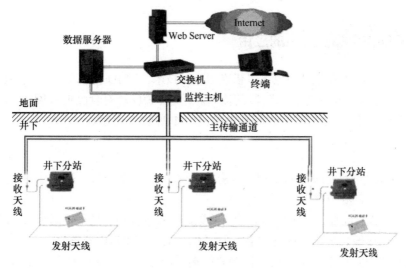

图12-6   RFID在矿井管理中的应用示意图

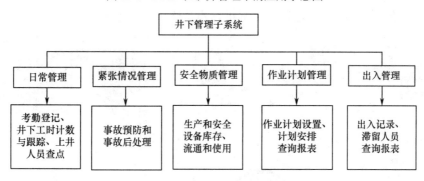

图12-7   RFID井下管理系统功能

（2）紧急情况管理：包括事故预防和事故后处理。事故预防是指将RFID技术与灾害监控技术相结合，对井下灾害事故作预警管理；事故后处理指灾害事故发生后及时组织救援工作。

（3）安全物资管理：在RFID井下物流管理系统中，安全物资、运送安全物资的容器设备等均贴有RFID标签。通过物资、人员、位置信息的一一对应，实现整体环节自动化，以及实时性监控管理。

（4）出入管理：包括出入记录、查询报表等。当人员进出时，结合RFID技术检索人员计划数据库中计划人员的安排和卡片人员信息数据库中非计划人员的权限，符合要求的人员即可进出相应巷道，并将相关信息在人员进出记录数据库中进行保存。

12.2.3　RFID 在食品安全中的应用

食品的安全监控和跟踪追溯也可以借助 RFID 技术。RFID 技术的使用就像给食品制作一个标记，记录了食品供应链各个阶段的信息。通过 RFID 能对食品追根溯源，从而实现食品安全追溯系统的建立。RFID 在食品链中的应用如图 12-8 所示。

具体流程如下：

- 在食品或原材料源头加入 RFID 标签，写入食品或原材料的基本信息，如生产地、生产日期、储存方法及食用方法等。
- 加工厂完成食品加工，将原料和辅料的原始记录以及加工过程信息写入 RFID 标签。
- 将仓储、运输、分销、配送等物流环节的信息写入 RFID 标签。
- 到达超市、农贸市场、餐饮、快餐等终端后，再将这一层信息写入 RFID 标签实现跟踪链的最后环节。
- 消费者在食品消费时可以通过终端进行相关信息查询和确认。

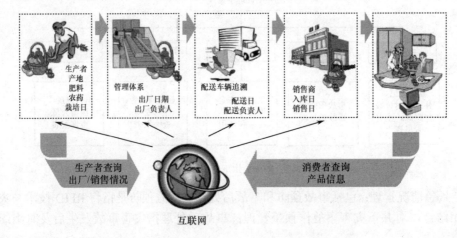

图 12-8　RFID 在食品链中的应用

在具体实施过程中，利用 RFID 食品标签有两种方法实现整个食品供应链上的信息跟踪：一种方法是自上游往下游方向跟踪的叫做追踪（Tacking），从农场养殖（种植）环节—加工环节—运输环节—销售环节，这种方法主要用于查找造成质量问题的原因，确定产品的原产地和特征，如图 12-9（a）所示。

另一种方法是自下游往上游方向回溯的叫做追溯（Trace Back），就是消费者从销售环节发现购买的食品发现了安全问题，可以向上进行层层回溯，最终确定问题所在的源头，这种追溯方法主要用于问题产品的召回，如图 12-9（b）所示。

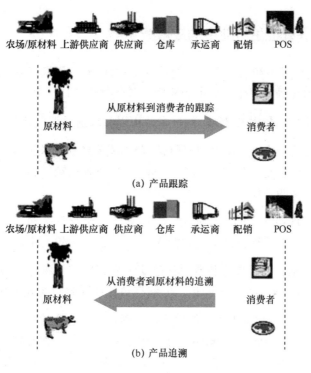

图 12-9　追踪与追溯

在食品供应链中应用 RFID 技术的优势可以概括为：

（1）确保完全透明的安全食品供应链。RFID 解决方案通过提供食品与其来源之间的联系以确保安全透明的高标准，利用 RFID 技术对食品生产和流通进行全程跟踪和监控，可以实现食品从产地到餐桌的安全保障。

（2）RFID 提供了追踪货品来源的解决方案。在食品安全问题发生了的情况下，通过传输发现问题的有关信息，确定各个环节的原因，确定相关产品是在库存中，还是运输中，或者已售出，并采取正确纠正行动，从而明确界定在供应链不同阶段相关主体的责任。

12.3　RFID 在医疗卫生领域的应用

作为物联网的关键技术之一，射频识别技术已经在医疗卫生领域得到了广泛应用，实现了医疗、药品、人员的数字化采集、处理、传输和共享功能，推进了医疗信息系统建设。

12.3.1 RFID 在医疗卫生行业中的应用概述

随着 RFID 的高速发展和其显而易见的技术优越性，医疗医药行业也越来越多地开始使用 RFID。RFID 技术在医疗卫生行业中的应用，具体体现在以下几个方面。

（1）打击假冒药品：利用 RFID 防伪技术，可以有效避免假冒伪劣药品。

（2）快速高效的药品管理：RFID 是现代医药物流配送的辅助工具，不仅提高了操作效率和准确率，而且货物拣选差错几乎为零。同时，高速垂直输送和水平输送装置相结合，极大地提高了库房流动的工作效率。

（3）患者信息管理：病人的家族病史、既往病史、治疗记录和药物过敏等信息均可保存在电子芯片中，急诊时无须再次询问和输入个人信息，节约时间。

（4）患者身份鉴别：通过使用特殊设计的病人标识腕带，将标有病人重要资料的标识带系在病人手腕上进行 24 小时贴身标识，能够有效保证随时对病人进行快速准确的识别。

（5）现场监护：采用 RFID 无线监护探头，使得对病人的监护减少了活动场地环境的限制，随时测量和采集病人的体征数据，并通过 RFID 接收器网络将数据传输给医护管理平台进行实时监护管理，使得病人能在移动中也可以受到医护关怀，保证病人的生命安全。

（6）实时定位跟踪：通过病人佩戴的电子标签和医院内的 RFID 识别网络系统覆盖，可以实时跟踪定位病人在医院活动信息，便于管理人员快速找到病人，引导病人正确去向。

发达国家非常关注 RFID 在医疗及护理领域的应用。早在 2004 年 2 月，以美国为首的西方发达国家通过立法促进 RFID 技术的实施和推广。2008 年年底 IBM 向美国政府提出了"智慧的地球"战略，如图 12-10 所示，强调对地球上的任何地点任何物体具有强大的感知能力，并可汇集信息，建立智慧型基础设施。其中就包括把物联网技术充分应用到医疗领域中，实现医疗信息的互联和共享。

图 12-10　智慧的地球

12.3.2 基于 RFID 技术的智能医护系统

RFID 技术应用于医护系统，能够有效防止识别差错，通过新技术为传统业务引入新的理念，提升医院整体硬件平台和服务质量。RFID 技术作为在医疗行业的一个全新应用，将为整个行业带来新的发展方向。

如图 12-11 所示，基于 RFID 技术的智能医护系统实现对病人的自动身份识别、病人安全管理、生命体征信息自动采集监视、病房管理等新型医务服务和管理功能。

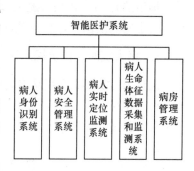

图 12-11　智能医护系统功能

1. 病人身份识别系统

该系统为医院提供快速比对病人身份信息的服务，使医护人员在病房医护工作管理时，准确及时地通过电子技术核对识别病人身份。

病人在入院时即通过入院注册系统登记身份信息，并佩戴电子标签腕带。对于有源 RFID 标签，病人通过佩戴的电子腕带标签发出的信息能够随时被覆盖的无线 RFID 探测网络侦测到，由医护工作人员通过工作台的电脑就可以随时识别到不同位置的病人身份信息。若采用无源电子标签作为载体，则可以由手持读写器显示读取标签的身份信息，通过移动标签工作站来检查比对标签身份的准确性。

2. 病人安全管理系统

病人佩戴的电子腕带在病房监护区域内收到阅读器（RFID 探测器）的监测，通过电子报警可以防止被非法除去或剪断，并通过位置跟踪、报警和出入控制可以防止病人未经许可离开监护区域，如图 12-12 所示。

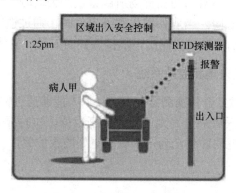

图 12-12　病人安全管理示意图

病人被安置在护理病房时，佩戴的 RFID 腕带中设置了相关的活动区域信息，腕带采用专门的锁扣结构一旦戴上就无法正常解下来了，直到病人离院时才会被剪断回收。当病人在住院期间发生腕带断裂事件（人为恶意剪断、意外脱落等），佩戴的电子标签的异常状态将会被 RFID 侦测网络捕捉到，护理人员通过控制台报警信息能够及时到达现场探查事故缘由，解决异常问题。佩戴腕带的病人如果要移出正常设置的活动区域时，需要经过医护管理人员的事先授权，否则病人在移出限定活动区域时，边界 RFID 探测器将检测到病人的未授权移出的行为，并及时发出报警提示，若系统配置了门禁系统，则门禁自动处于关闭状态，禁止病人的出入，这样就起到了对病人出走事故、人为失误风险等意外的防范作用。

3．病人实时定位监视系统

通过 RFID 探测系统网络，佩戴腕带的病人在网络区域内的位置将实时反映到护士监控工作台的电脑上，使工作人员能够随时了解病人活动去向，对未经许可的活动区域及时提示报警，如图 12-13 所示。

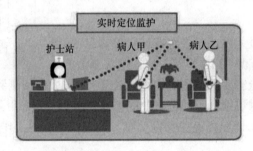

图 12-13　病人定位示意图

佩戴 RFID 腕带的病人在一个区域活动时，该区域的 RFID 探测器能够在他们进入此区域时探测到其腕带身份信息，并通过网络传输到中心服务器上，在护士工作台处的监视工作站能够随时刷新到服务器所接收的最新 RFID 探测数据，向护士提示所有在系统监护下的病人位置信息，当病人处于不恰当的高危场所或错误的去向时，护理人员可以及时通知当事人，为他们指引正确的去向。当病人发生意外事件时，通过调阅病人在监护系统记录里的活动轨迹，可以分析他们的动向和周围可能接触到的人员（也戴有 RFID 标签）。

4．病人生命体征数据采集和监护系统

利用 RFID 物联网技术结合体征测量仪器，使病人能够通过佩戴 RFID 体温探头、移动式监护仪等设备在线自动采集测量病人的相关体征数据，实时提供医护病人的体征状态信息，及时通知提醒异常状况的发生，为病人提供更好的医护关怀。

5．病房管理系统

利用 RFID 移动工作站可现场识别患者身份，记录护理工作内容，查看患者实时状态。

病人在住院期间需要接受各种医疗护理服务项目，医护人员需要在治疗室、病房及其他应急场所对患者进行治疗护理服务。利用患者佩戴的 RFID 腕带，医护人员可以现场使用移动 RFID 终端核对病人的身份信息，调阅医嘱资料等数据，更新操作内容，使医护对象能够及时准确地得到救治和护理。护理人员在进行日常病房巡查时，利用移动终端可以随时查阅住院病人的护理事项、查看工作计划、登记核对工作完成情况以及添加新增患者的相关护理项目信息。利用移动终端的定位查找患者功能，通过无线网络实施调取搜寻病人的最新探测位置，随时调整找寻病人的路线。

12.4 RFID 在智能交通领域的应用

RFID 技术在交通领域应用非常广泛，成功应用案例包括：我国最大的铁路机车车号识别系统（已遍及全国 18 个铁路局、7 万多公里铁路线），以及各省正在实施与运营中的联网高速公路不停车收费系统，全国各地数千个停车场 RFID 收费系统，公交车站车辆进出站管理系统等。

12.4.1 基于 RFID 技术的不停车收费系统

随着公路建设的飞速发展，人工或半自动收费方式已不能满足高速路上通行车辆对收费管理系统的需求。不停车电子收费（Electronic Toll Collection，ETC）是高速公路上一种理想的收费方式。不停车收费系统是目前世界上最先进的路桥收费方式，通过安装在车辆挡风玻璃上的车载电子标签与在收费站 ETC 车道上的阅读器之间实现微波通信，结合计算机联网技术与银行进行后台结算处理，从而实现车辆通过路桥收费站不需停车而自动缴费。

不停车电子收费（ETC）系统总体结构如图 12-14 所示。

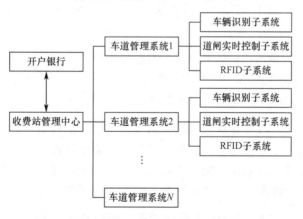

图 12-14　ETC 系统构成

其中，车道管理系统主要由车辆识别子系统、道闸实时控制子系统和RFID子系统构成。车辆识别系统主要用来识别车辆牌号，一是对车辆进行识别和记录，二是和RFID电子芯片中的信息进行比对，比如车辆高度等数据；道闸实时控制系统控制整个关卡的禁行和放行，一般由可控的栏杆和电感线圈组成；RFID子系统完成对车载电子芯片的读写操作，并将数据传输到收费管理中心，车辆通过收费站的流程图如图12-15所示。

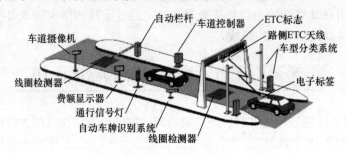

图12-15　车辆通过收费站的流程图

ETC系统的工作流程如下。

　　（1）车主办理ETC通行以及网上银行业务。车主到高速公路管理部门购置RFID电子标签，由发行系统向RFID电子标签输入车辆识别码，并在数据库中存入该车辆的全部有关信息，并在系统中登记用户的扣费账号。

　　（2）车辆信息入库。发行系统将上述车主、车辆信息输入收费计算机系统，RFID电子标签贴在车上相应的部位，可以立即使用。

　　（3）收费站ETC通道入口写信息。当车辆经过高速公路ETC通道入口时，该站的收费系统的RFID读写器发出射频信号，由RFID电子标签的天线接收射频信号，激活RFID电子标签后，该RFID读写器同时还向RFID电子标签写入入口信息。写入信息也由电子标签的天线接收，写入RFID电子标签芯片中。

　　（4）收费站ETC通道出口读信息。当车辆通过高速公路ETC通道出口时，该站的收费系统的RFID阅读器发出射频信号，由RFID电子标签的天线接收射频信号，激活RFID电子标签后，RFID读写器读出RFID电子标签中存储的信息。

　　（5）车辆放行处理。收费计算机系统向执行机构输出执行信号。当网上银行的储值，即结余金额足够支付过站的费用时，出站口绿灯亮，给予放行；若结余金额已不多，处于警告值以下，则黄灯亮，提示车主应再购买储值，但仍予以放行；若结余金额不足或已无余款，则红灯亮，不予放行。

　　（6）收费完成。上述过程均可以在瞬间完成，因此ETC系统可保证车辆高速通过收费站，收费计算机系统将通过该站的车辆识别码及其新储值等信息，经通信网络送至有关中

心与其他收费系统中。

不停车收费技术特别适于在高速公路或交通繁忙的桥隧环境下使用。在采用车道隔离措施下的不停车收费系统通常称为单车道不停车收费系统，在无车道隔离情况下自由交通流下的不停车收费系统通常称为自由流不停车收费系统。实施不停车收费，可以允许车辆高速通过（几十千米以至100多千米），故可大大提高公路的通行能力。

12.4.2 基于 RFID 技术的智能公交系统

城市公共系统基本上还是采用"定点发车、两头卡点"的手工作业的调度方式，调度人员无法实时了解运营车辆情况，难以及时有效地采取调度措施。公交车辆的行车速度下降、行车间隔不均衡，且时常出现"串车"、"大间隔"现象，严重影响了公交客运的服务质量。另外，等车公众也不能及时了解所等班车的运行情况，不知道要等多久才能等到所乘班车。

利用 RFID 技术、电子地图及无线网络技术建设公交管理系统，可以实现公交车远距离、不停车的采集信息。利用计算机对采集的数据进行研究分析，可以掌握车辆运行规律，实现公交车辆的智能化管理。

RFID 公交智能交通系统是由信息采集网络（识别基站、LED 或液晶显示屏、识别卡），以及指挥中心组成的。信息采集网络是由策略性分布在公交交通系统中重要交通监测部位的信息采集点构成的监测网络，每个信息采集点安装一个识别基站。各采集点通过数据通信网与指挥中心的计算机系统相连接，其中的数据通信网可以是有线通信网或者无线专用网，也可以利用移动通信网络平台实现。识别卡作为识别装置安装在公交车辆上，每张识别卡具有唯一性的电子识别特征（识别码），以满足识别的要求，网络结构如图 12-16 所示。

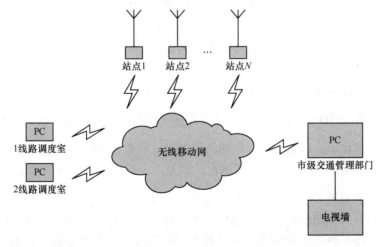

图 12-16 智能公交系统网络结构

安装在已知地点的识别基站通过无线读取数据的方式对经过该地点的车辆所配备的识别装置进行识别，经过通信网络将采集信息传回车辆调度室的服务器，再经过计算机的分析处理，实现对运动中的公交车辆进行识别定位。图12-17是公交车通过站台时的过程，识别基站的天线覆盖范围为100～300 m，基本上能覆盖整个站台，公交车在通过站台时，装在公交车顶部的识别卡将公交车的车辆身份信息和到站时间无线发送到识别基站，识别基站利用移动通信的GSM或GPRS平台，将车辆信息发送至每条线路的调度室，市级行政机关的交通管理部门通过对各调度室收集的信息来监控市内公交线路的整体运营质量。通过对公交车辆的识别定位和数据的网络传输，在站台的LED屏或液晶屏上可以向乘客实时显示该条公交线路的运行情况，以及下一趟车将要到站的情况，使乘客等车时做到心中有数。

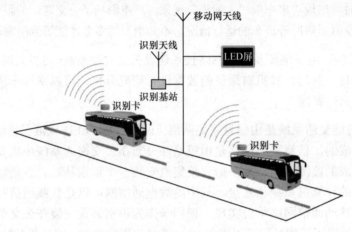

图12-17　公交车通过站台时的过程

这些识别器及通信单元除安装在站台外，也可以安装在现有的交通附属设施上（如红绿灯、路灯、车站、路牌、交通标志及指示牌等），当采集点的分布达到一定的密度时，采集网络可以有效地覆盖一定区域内的交通道路。通过对持卡车辆在不同时刻、不同采集点的数据的分析，可以掌握车辆的运动轨迹、运动速度以及最近位置等信息。

运用获取到的RFID信息，RFID应用在公交管理系统中还可实现以下功能。

（1）站点信息显示。通过对公交车辆的识别定位和数据网络的传输，可以在站台LED屏向乘客实时显示该条公交线路的运行情况，以及下一趟车离、到站的情况。

（2）公交调度管理。对采集到的数据进行进一步的分析，还可以获得车辆平均速度、交通流速等其他有关交通信息，为智能化交通管理提供支持。系统可实现实时监控和掌握整条线路所有在途车辆的运营情况，并针对不同的突发状况及时迅速地做出反应，从而保证公交服务的稳定性。经过一个较长时期的数据积累，线路调度管理部门可获得一组可靠的参考数据，通过历史数据了解不同季节、不同时间段，以及工作日、双休日、节假日的客流基本情况，从而实现合理化配置发车数量与间隔等，保障市民的出行方便，同时也可减少公交公司的运营成本。

（3）车辆考勤管理。当携带车载标签的车辆经过设有 RFID 识别设备的站点，车辆上车载标签发送每辆车对应的唯一识别码。车站上的识别设备将自动记录下此识别码和此刻的具体时间，通过数据网络发送到相应的计算机，并据此进行考勤管理。

12.5　本章小结

本章从四个领域介绍了 RFID 的应用范例。首先介绍了 RFID 技术在防伪领域的可行性和特点，介绍了 RFID 技术在票券防伪和贵重商品防伪方面的优势、组成和工作原理。在公共安全领域，重点介绍了基于 RFID 技术的智能门禁系统、矿井安全和食品安全中的应用。然后介绍了 RFID 技术在医疗卫生领域的应用，通过 RFID 技术的支持，实现一个智能医护系统。最后，介绍了 RFID 技术在交通领域的应用。交通领域可以说是目前使用 RFID 技术最广泛的领域，本章介绍了 RFID 技术在不停车收费和公共交通两个方面的应用。

思考与练习

（1）试比较 RFID 防伪与传统防伪、短信防伪技术的特点。

（2）简述票务防伪管理系统的工作流程。

（3）RFID 在矿井安全中有哪些应用？

（4）列举几个 RFID 技术在医疗卫生行业中的应用方面。

（5）智能医护系统主要由哪些子系统构成？描述其实现原理。

（6）简述基于 RFID 技术的不停车收费系统的结构组成和工作流程。

（7）RFID 应用在公交管理系统中实现的功能和特性有哪几个方面？

参 考 文 献

[1] Reinhold，Pavel Bretchko. 射频电路设计——理论与应用. 王子宇，等译. 北京：电子工业出版社，2002.

[2] 刘云浩. 物联网导论. 北京：科学出版社，2010.

[3] 徐勇军，刘禹，王峰. 物联网关键技术. 北京：电子工业出版社，2012.

[4] 李晓维，等. 无线传感器网络技术. 北京：北京理工大学出版社，2007.

[5] 孙利民，李建中，陈渝，等. 无线传感器网络. 北京：清华大学出版社，2005.

[6] Richard E.Matick. 数字与通信网络中的传输线. 北京：科学出版社，1982.

[7] 黄锦安. 电路与模拟电子技术. 北京：机械工业出版社，2008.

[8] 黄玉兰. 物联网射频识别（RFID）核心技术详解. 北京：人民邮电出版社，2011.

[9] 唐贤远，李兴. 数字微波通信系统. 北京：电子工业出版社，2004.

[10] 郑秀珍. 电路与信号. 北京：人民邮电出版社，1994.

[11] [美]弗洛伊德（Floyd，T. L.）. 电路基础（第 6 版）. 夏琳，施惠琼，译. 北京：清华大学出版社，2006.

[12] 单承赣，单玉峰，姚磊，等. 射频识别（RFID）原理与应用. 北京：电子工业出版社，2008.

[13] 徐贤敏. 电路分析（第 2 版）. 成都：西南交通大学出版社，2009.

[14] 张永瑞，高建宁. 电路、信号与系统. 北京：机械工业出版社，2010.

[15] 黄玉兰. 射频电路理论与设计. 北京：人民邮电出版社，2008.

[16] 江晓安，杨有瑾，陈生潭. 计算机电子电路技术——电路与模拟电子部分. 西安：西安电子科技大学出版社，2011.

[17] 周晓光，王晓华. 射频识别技术原理与应用实例. 北京：人民邮电出版社，2006.

[18] 李向文. 物联网概论——物联网框架及产业链蓝图. 北京：中国物资出版社，2011.

[19] 张新程，付航，李天璞，等. 物联网关键技术. 北京：人民邮电出版社，2011.

[20] 王汝林，王小宁，陈曙光，等. 物联网基础及应用. 北京：清华大学出版社，2011.

[21] 阮成礼. 超宽带天线理论与技术. 哈尔滨：哈尔滨工业大学出版社，2006.

[22] 游战清，李苏剑，张益强，等. 无线射频识别技术（RFID）理论与应用. 北京：电子工业出版社，2004.

[23] Jari-Pascal Curty，Michel Declercq，Catherine Dehollain，等. 无源超高频 RFID 系统设计与优化. 陈力颖，毛陆虹，译. 北京：科学出版社，2008.

[24] 康东，石喜勤，李勇鹏，等．射频识别（RFID）核心技术与典型应用开发案例．北京：人民邮电出版社，2008．

[25] 王汝传，孙力娟，等．物联网技术导论．北京：清华大学出版社，2011．

[26] 赵军辉．射频识别技术与应用．北京：机械工业出版社，2008．

[27] 游战清，刘克胜，吴翔，等．无线射频识别（RFID）与条形码技术．北京：机械工业出版社，2007．

[28] 杨刚，沈沛意，郑春红，等．物联网理论与技术．北京：科学出版社，2010．

[29] 方旭明，何蓉．短距离无线与移动通信网络．北京：人民邮电出版社，2004．

[30] 郭梯云，杨家玮，李建东．数字移动通信．北京：人民邮电出版社，2001．

[31] 李仲令，李少谦，唐友喜，等．现代无线与移动通信技术．北京：科学出版社，2006．

[32] 射频通信理论与应用[EB/OL]．http://www.eefocus.com/html/09-02/ 415525030845r2iI.shtml．

[33] 宁焕生．RFID 重大工程与国家物联网．北京：机械工业出版社，2011．

[34] 程曦．RFID 应用指南．北京：电子工业出版社，2011．

[35] 王亚丽，刘元安，吴帆．近距离无线通信技术与物联网．通信技术与标准，2011（7）．

[36] 王爱英．智能卡技术——IC 卡与 RFID 标签（第三版）．北京：清华大学出版社，2009．

[37] 谭民，刘禹，曾隽芳，等．RFID 技术系统工程及应用指南，北京：机械工业出版社，2007．

[38] 郎为民．射频识别（RFID）技术原理与应用．北京：机械工业出版社，2006．

[39] 高飞，薛艳明，王爱华．物联网核心技术——RFID 原理与应用．北京：人民邮电出版社，2011．

[40] 饶元，陆淑敏，杨宝刚．面向价值链的 RFID 体系架构与企业应用．北京：科学出版社，2007．

[41] 李彩虹．无线射频识别（RFID）芯片技术．现代电子技术，2007（11）：56-58．

[42] [德]K1aus Finkenzeller 著．射频识别技术（第三版）．吴晓峰，陈大才，译．北京：电子工业出版社，2006．

[43] 范红梅．RFID 技术研究．杭州：浙江大学硕士学位论文，2006．

[44] 游战清，李苏剑，等．无线射频识别(RFID)理论与应用．北京：电子工业出版社，2004．

[45] 陈文浩．RFID 低频读写器的研究与实现．大连海事大学硕士学位论文，2008．

[46] EPCGlobal. The EPCGlobal Architecture Framework[EB/OL].http://www.epcglobalinc.org/standards_techn-ology/ Final-epcglobal-arch-20050701.pdf，2005．

[47] 贾世楼．信息论理论基础．哈尔滨：哈尔滨工业大学出版社，2001．

[48] 袁东风．宽带移动通信中的先进信道编码技术．北京：北京邮电大学出版社，2004．

[49] 吴湛击．现代纠错编码与调制理论及应用．北京：人民邮电出版社，2008．

[50] 王钦笙．数字通信原理．北京：北京邮电大学出版社，1995．

[51] 刘颖，王春悦，赵蓉．数字通信原理与技术．北京：北京邮电大学出版社，1999．

[52] 张松华，何怡刚．低信噪比下 R FI D 调制识别方法的研究[J]．电子技术应用，2010（4）：111-115．

[53] 胡力．RFID 调制制式测试研究[D]．湖南大学，2010．

[54] 姜楠，王健．信息论与编码理论．北京：清华大学出版社，2010．

[55] 叶芝慧，沈克勤．信息论与编码．北京：电子工业出版社，2011．

[56] 曹雪虹，张宗橙．信息论与编码．北京：清华大学出版社，2009．

[57] 樊昌信，曹丽娜．通信原理（第五版）．北京：国防工业出版社，2006．

[58] 童乔凌．RFID 读写器芯片设计及通讯算法研究．华中科技大学博士学位论文，2010．

[59] 丁治国．RFID 关键技术研究与实现[D]．中国科学技术大学，2009．

[60] 魏欣．RFID 标签及阅读器防冲突算法研究．电子科技大学硕士学位论文，2009．

[61] 孙文胜，胡玲敏．基于调度方式的多阅读器防碰撞算法．计算机工程，2012，38（9）．

[62] 米志强．射频识别（RFID）技术与应用．北京：电子工业出版社，2011．

[63] 卢燕飞．基于物联网的 RFID 防碰撞技术研究．北京：北京交通大学，2012．

[64] 刘化君．物联网技术．北京：电子工业出版社，2010．

[65] 肖珊，郎为民，胡东华．射频识别（RFID）安全解决方案研究[J]．微计算机信息，2008（14）．

[66] 刘禹，关强．RFID 系统测试与应用实务．北京：电子工业出版社，2010．

[67] 刘守义．智能卡技术．西安：西安电子科技大学出版社，2004．

[68] Identification Cards-Integrated Circuit Cards-Part 4:Cards with contacts-Organization，security and commands for interchange-Second Edition.ISO/IEC 7816-4，1995．

[69] 杨振野．IC 卡技术及其应用．北京：科学出版社，2006．

[70] MikeHendry．智能卡安全与应用．杨义先，等译．北京：人民邮电出版社，2002．

[71] 黄淼云，等编著．智能卡应用系统．北京：清华大学出版社，2000．

[72] 张有光，杜万，张秀春，等．全球三大 RFID 标准体系比较分析[J]．中国标准化，2006（03）．

[73] 郎为民，杨宗凯．EPCglobal 组织的 RFID 标准体系研究[J]．数据通信，2006（03）．

[74] http://www.epcglobalinc.org．

[75] 沈冬青．RFID 射频识别技术标准解析及现状研究[J]．中国安防，2011（04）．

[76] 张成海．物联网与产品电子代码[M]．武汉：武汉大学出版社，2010．

[77] 王忠敏．EPC 与物联网[M]．北京：中国标准出版社，2004．

[78] 曾强，欧阳宇，王潼，等．无线射频识别与电子标签[M]．北京：中国经济出版社，2005．

[79] 石灵云．EPC 系统在物流中的应用实现[J]．商场现代化，2005（12）．

[80] 梁浩．基于物联网的 EPC 接口技术研究[D]．武汉理工大学，2006．

[81] 周圆．基于物联网管理系统的 EPC 规范研究[D]．西南交通大学，2007．

[82] 李如年．基于 RFID 技术的物联网研究[J]．中国电子科学研究院学报，2009（06）．

[83] 蒋亚军，贺平，赵会群，等．基于 EPC 的物联网研究综述[J]．广东通信技术，2005（08）：24-29．

[84] 田晓芳．EPC 物联网与信息共享技术的研究与实现[D]．中国地质大学，2005．

[85] 李秋霞．基于 RFID 的集装箱 EPC 编码研究[D]．吉林大学，2007．

[86] 王忠敏．EPC 技术基础教程．北京：中国标准出版社，2004．

[87] 宁焕生，张瑜，刘芳丽，等．中国物联网信息服务系统研究[J]．电子学报，2006（S1）：2514-2517．

[88] 郎为民．初识物联网[J]．电信快报，2011（01）．

[89] 杨松．物联网的关键技术与应用[J]．中国新通信，2010（23）．

[90]　郎为民，陶少国，杨宗凯．电子产品代码（EPC）标准化进展[J]．信息通信，2006（03）．

[91]　黎立．EPC 系统中的中间件研究[D]．电子科技大学，2006．

[92]　王静．EPC 网络关键技术及其标准的研究与制定[D]．北京工业大学，2006．

[93]　杨志和．基于中间件和 RFID 技术的物流管理系统的应用研究[D]．广西大学，2006．

[94]　中国物品编码中心．Savant 技术说明书[EB/OL]．http://www.rfidworld.com.cn/bbs/．

[95]　董晓荔，阎保平．EPC 网络中的 ONS 服务[J]．微电子学与计算机，2005（02）．

[96]　黄锦亮．RFID 对象名称服务架构研究与原型开发[D]．华中科技大学，2006．

[97]　李冰，何熊熊，王毅．RFID 在医院管理中的应用[J]．解决方案，2007（5）：31-34．

[98]　王立平，席晓鹏，赵进．基于 RFID 技术的高速公路不停车收费系统[J]．现代电子技术，2012，35（3）：174-176．

[99]　郭稳涛，何怡刚．基于 RFID 的智能停车场管理系统的研究与设计[J]．自动化技术与应用，2010，29（6）：60-64．

[100]　唐辉．基于 RFID 的智能停车场管理系统设计[EB/OL]．中国科技论文在线．

[101]　王兴文，黄础章．RFID 技术在智能交通中的大规模应用模式分析[J]．解决方案，2009（1）：20-24．

[102]　陈坚，王洁，民顾震．射频识别技术证件应用安全解决方案[J]．中国防伪报道，2008（11）：30-32．

[103]　田利梅．RFID 在防伪技术上的应用[J]．中国防伪报道，2006（10）：24-26．

[104]　马鑫，黄全义，疏学明，等．物联网在公共安全领域的应用研究[J]．中国安全科学学报，2010，20（7）：170-176．

[105]　潘海军．基于射频识别技术的门禁系统的设计[D]．湖南大学，2007．

[106]　李俊荨，陈金鹰，刘庆丰，等．RFID 技术及其在矿井上的应用[J]．广东通信技术，2008（12）：42-44．

[107]　杨英仪．基于 ACE-RFID 中间件的矿井定位监测系统的设计与实现[D]．电子科技大学，2007．

[108]　柯建华．基于 RFID 与 CAN 的煤矿井下人员定位系统研究[D]．北京交通大学，2006．

[109]　陆端．RFID 技术在矿井人员定位中的应用研究[D]．江苏大学，2007．

[110]　钱思佳，史占中．射频识别（RFID）技术在食品安全管理的应用及发展对策[J]．中国科技论坛，2007（11）：127-131．

[111]　范小磊，彭磊．基于 RFID 的食品安全物流系统[J]．先进技术研究通报，2010，4（5）：1-5．

[112]　卢磊，张峰．基于物联网的蔬菜可追溯系统的设计与实现[J]．电子设计工程，2011（07）．

[113]　Alasdair Gilchrist. Industry 4.0: The Industrial Internet of Things. Apress, 2016.